技艺非凡

Photoshop+SAI绘画创作技法揭秘

何平 编著

清华大学出版社

北京

内 容 简 介

本书详细介绍了从CG插画入门到成为一名插画师的全过程，总结了作者由一名非美术专业理工男转变为知名插画师的实战经验。讲解Photoshop与SAI软件针对CG绘画最实用的功能和操作方法的同时，深入浅出分析绘画原理及创作构思，书中精心编排十余个当下流行的插画案例，涉及图书插画、游戏宣传、电影海报等。同时推荐分享了各种实用笔刷及优秀插画创作素材资源。

本书适合对插画有兴趣的读者，也可以供有一定插画基础的从业人员学习和参考使用。

图书在版编目(CIP)数据

技艺非凡Photoshop+SAI绘画创作技法揭秘 / 何平编著. — 北京：清华大学出版社，2017

ISBN 978-7-302-46079-4

Ⅰ. ①技… Ⅱ. ①何… Ⅲ. ①图像处理软件 Ⅳ. ①TP391.413

中国版本图书馆CIP数据核字(2017)第004870号

责任编辑： 陈绿春
封面设计： 潘国文
责任校对： 徐俊伟
责任印制： 杨　艳
出版发行： 清华大学出版社
　　网　　址： http://www.tup.com.cn，http://www.wqbook.com
　　地　　址： 北京清华大学学研大厦 A 座　　**邮　　编：** 100084
　　社 总 机： 010-62770175　　**邮　　购：** 010-62786544
　　投稿与读者服务： 010-62776969，c-service@tup.tsinghua.edu.cn
　　质量反馈： 010-62772015，zhiliang@tup.tsinghua.edu.cn
印 装 者： 北京亿浓世纪彩色印刷有限公司
经　　销： 全国新华书店
开　　本： 188mm×260mm　　**印　张：** 16　　**字　数：** 322 千字
版　　次： 2017 年 7 月第 1 版　　**印　次：** 2017 年 7 月第 1 次印刷
印　　数： 1 ～ 3000
定　　价： 89.00 元

产品编号：070692-01

Photoshop+SAI

前·言

PREFACE

技艺非凡 Photoshop+SAI 绘画创作技法揭秘

继上一版《技艺非凡 Photoshop+Painter 绘画创作大揭秘》的编写至今大约五年时间了，出版后读者反响不错，一些粉丝是直接冲着我的书来的，还有很多新朋友是偶然在书店翻看此书后爱不释手，继而开始关注我的。从留言中看到很多朋友从书中受益匪浅，领悟了核心要点，看懂了我的编写初衷，在思想和技法上都得到了很大进步，这些让我倍感欣慰，付出的心血产生了较好的社会效益。

由于上一版缺乏编写经验，虽然很用心，但出版后还是存在诸多遗憾。五年来，我在技法上不断提升的同时，有了许多新的创作感悟。恰逢此书推出升级版，对一些新的绘画方法也进行了归纳整理。

本书不单单是软件版本上的升级，更多的是对技法的一次较大动作的完善和补充，新增了很多与时俱进的资源推荐，保留并进一步精编了关于作品创作的解析，大篇幅替换了详解案例，并真正揭秘了一些快速有效且实用的干货技法。书中删掉了逐渐不太被大家使用的 Painter 的章节，而增补了日益被推崇的 SAI 的章节，对 Photoshop 的讲解结构进行了大幅改编，特别将许多 CG 绘画爱好者很感兴趣的 Photoshop 笔刷作为一个独立章节进行了细致讲解。

阅读本书，你不必花更多时间去钻研软件，可以直接学习针对绘画的常用实用功能。书中精心编排了多个当下流行的不同风格的插画案例，在实例中反复强化软件实用技法。从软件操作到绘画技法，再到构思创作，相信仔细阅读本书后，加上实际的操作演练，你会进阶飞速，从菜鸟到高手不是再妄想，而从高手到大神，也许只有一步之遥，其实 CG 绘画没那么难！

本书相关配套资料的下载地址为：

http：//pan.baidu.com/s/1qYIzmvq

本书相关配套资料也可以通过扫描下面的二维码进行下载。

如果对本书有任何意见或者建议，请联系陈老师：chenlch@tup.tsinghua.edu.cn。

何平

2017 年 3 月

目录

目录

第1章 初识CG

1.1 什么是 CG

大到科幻电影，小到“美图秀秀”，都属于 CG。

CG 已不再是一位蒙着面纱的技术隐士，而成为一种代表时尚的技术，伴随在我们身边。

CG 是计算机图形英文 Computer Graphics 的缩写，是通过计算机软件所绘制的一切图形的总称。CG 是一种使用数学算法将二维或三维图形转化为计算机显示器的栅格形式的科学。随着以计算机为主要工具进行视觉设计和生产的一系列相关产业的形成，国际上习惯将利用计算机技术进行视觉设计和生产的领域通称为 CG。它既包括技术也包括艺术，几乎囊括了当今电脑时代中所有的视觉艺术创作活动，如平面印刷品的设计、网页设计、影视特效、多媒体技术、以计算机辅助设计为主的建筑设计，及工业造型设计等。如今的 CG 可以说是一种职业，或说是一种行为。

从二维到三维，从平面印刷、网页设计行业到三维动画、影视特效行业，CG 随着技术的不断提高，应用的领域也在不断地壮大着，现今更是形成了一个可观的经济产业。除了 CG 插画，CG 技术更加广泛地运用于电子游戏和影视动画。《魔兽世界》《英雄联盟》《斗战神》这些玩家热衷的游戏无一不是 CG 的成果。《疯狂麦克斯》《星球大战》《霍比特人》，无一不在运用数字技术营造出来电影视觉奇观。

1.1.1 游戏原画

游戏行业这些年持续升温，随着智能机的普及及 3G 的覆盖率增加，手机网游日益兴起。而手机游戏也远远不是我们印象中的什么“俄罗斯方块”“踩地雷”“贪吃蛇”之类画面简陋、规则简单的游戏，进而发展到了具有很强的娱乐性和交互性的复杂形态，堪比电脑游戏。

无论网游、手游，还是页游，不管哪个平台的游戏，研发都需要游戏原画环节。游戏原画是游戏制作前期的一个重要环节，原画师根据策划的文案，设计出整部游戏的美术方案，包括概念类原画设计和制作类原画设计两种，为后期的游戏美术（模型、特效等）制作提供标准和依据。概念类原画设计主要包括风格、气氛、主要角色和场景的设定等。制作类原画设计则更为具体，包括游戏中所有道具、角色、怪物、场景及游戏界面等内容的设计。原画是为游戏研发服务的，要保持游戏整体的统一性，保证模型师及其他美术环节的制作。

原画师是 CG 行业里一个非常热门的岗位，这几年受到追捧，未来几年仍然有很大的发展空间。

1.1.2 CG 动画

CG 动画的制作比起传统动画片的制作来说是非常有效率的。首先在 CG 动画制作成本方面，已经节省了一定开支。一部动画影片，若普通传统动画公司，整个从业人员约有 3000 到 4000 人，每月产量可以达到 200 本，这种工作效率是非常惊人的。当然，这忽略了人力物力的投入。而 CG 动画无须实质性的纸张，几乎完全动用计算机制作，节省了物理成本，也有助于环保。由于 CG 动画的制作不像传统动画有那么多工序，速度方面也远远比传统动画更快。一般需要 2 年便可以完全完成一部电影作品。

其次在收益方面，CG 动画的电影收入也比较可观，如《冰雪奇缘》《疯狂动物城》，全 CG 动画电影成为好莱坞迪士尼最赚钱的电影类型。

当然，说 CG“很高效”“很节省”其实未必准确。因为 CG 动画写实的制作费用非常高昂。举例来说，若要拍摄一个窗帘在阳光下轻轻飘动的镜头，或者是一片树叶随风飘落的过程，恐怕搭景拍摄要比用 CG 做成同样效果来得方便廉价得多，但是，若要拍一个成千上万人大场面的全景，用 CG 绝对会更划算了。所以，若是灵活运用 CG 技术，只是在影视方面就可带来无穷的效益。

1.1.3 影视 CG

CG 电影是指影片本身在真实场景中拍摄，并由真人表演为主，但穿插应用大量虚拟场景及特效的影片。通常的手法是在传统电影中应用 CG 技术增加虚拟场景、角色、事物、特效等对象，以达到真假难辨，增强视觉效果的目的。

无论是《阿甘正传》片头中羽毛徐徐飘落镜头的婉约，还是《珍珠港》中日机横行肆虐场景的浩大，其 CG 的运用均可称为画龙点睛的神来之笔。

从《终结者》到《阿凡达》《星球大战系列》，CG 有了质的飞跃。影视特效、3D 动画制作与 3D 游戏制作已成为 CG 领域发展的前沿。CG 以高端科学技术为依托，以无限的创意为内容，彻底颠覆了传统视觉时代，开辟了流光溢彩的图像新时代，CG 动画给影视和游戏强国带来了近千亿美元的经济利润。可以说，CG 已经在美国和日本等国形成了一种产业，深刻影响着他们的经济和文化发展。

1.2　CG 绘画装备

1.2.1　电脑

CG 的字母 C是 Computer（电脑）的打头字母，顾名思义，CG 绘画必然离不开电脑。根据自己的经济情况，配置高的电脑自然价格较贵，但一般来说没有特别要求的话，目前出产的各种电脑配置，对于二维绘画都基本够用了。但对于专业人员来讲，就绘图精度和绘图效率而言，配置高些更好，大内存对于多图层的大文件尤为重要。

1.2.2 数位板与压感笔

数位板是一种输入设备，就像电脑上的键盘、鼠标一样。如果电脑没有配置数位板，那在绘画创作上会很不方便，就像电脑只有键盘，没有鼠标的感觉。

随着科学技术的发展，数位板作为一种输入工具，会成为鼠标和键盘等输入工具的有益补充，其应用也会越来越普及。数位板通常是由一块板子和一支笔组成，就像画家的画板和画笔，只是它们不是木头做的，而是精密的电子产品。在没有数位板的时候，我们通常用鼠标来画画，不过鼠标毕竟不是画家手里的画笔，用它画画不是很灵活。数位板可以让你找回拿着笔在纸上画画的感觉，不仅如此，它还能做很多意想不到的事情。

它可以模拟各种各样的画家的画笔，例如模拟最常见的毛笔，当你用力地时候，毛笔能画很粗的线条，当你用力很轻的时候，它可以画出很细很淡的线条；它可以模拟喷枪，当你用力一些的时候，它能喷出更多的墨和更大的范围，而且还能根据你的笔的倾斜角度，喷出扇形等的效果……除了模拟传统的各种画笔效果外，它还可以利用电脑的优势，做出使用传统工具无法实现的效果，例如根据压力大小进行图案的贴图绘画，你只需要轻轻几笔，就很容易能绘出一片开满大小形状各异的鲜花的芳草地 ...

数位板作为一种硬件输入工具，可以结合 Painter、Photoshop、SAI 等绘图软件，创作出各种风格的作品，如油画、水彩画、素描、聚丙烯……要知道，用数位板和压感笔结合 Painter 软件就能模拟 400 多种笔触，如果你觉得还不够，你还可以自己定义。

WACOM（和冠）是日本一家生产数码绘图板的公司，无可否认是这方面的世界领导者。WACOM 公司的产品不仅在电脑辅助 CAD 设计、DTP、CG 等领域占据着支配地位，更已成为业界最高技术与最新潮流的引领者。WACOM 数位板如今已占有世界市场的 60% 以上，用户遍及全球，其中好莱坞和迪士尼公司是 WACOM 全球最大、最著名的用户之一。

除了 WACOM，还有国产品牌汉王、友基，性价比相对较高。

对于初学 CG 的学生朋友，个人推荐 Bamboo 学习板 One By Wacom CTL-471/K0-F，当前价格大概三四百元。

1.2.3 模特素材参考及CG资源

● 模特

画中的美人是源于模特的长相还是画家的手艺？如图所示，固然画家的技艺不可否认，同时更完美和理想化地表现了色彩和情趣。但如果没有模特，即便画家功力再深厚，也未必能绘出符合客观现实的很多细节。模特的存在让作品更具说服性，更准确，同时也提高了画家的绘画效率。

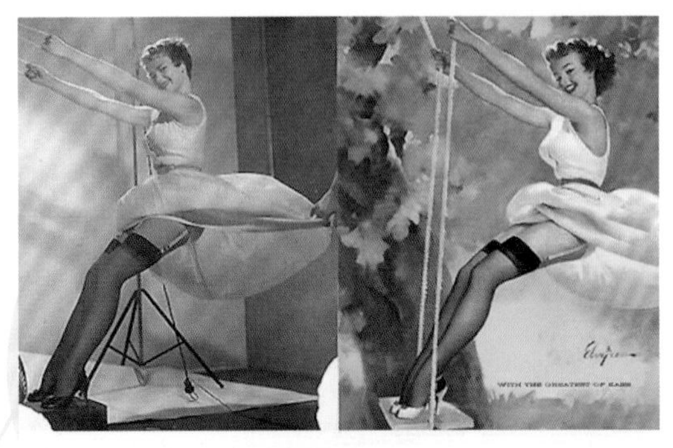

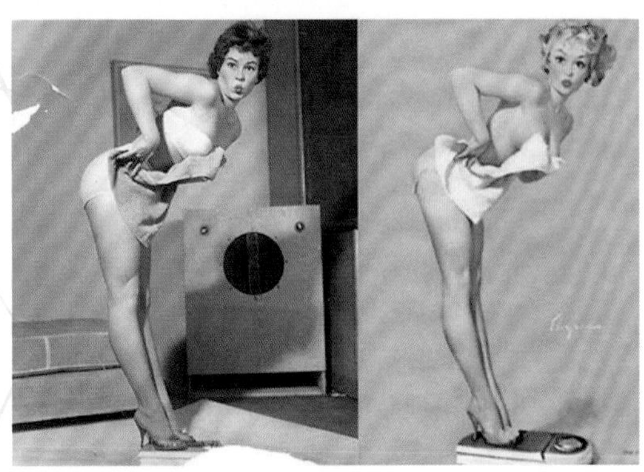

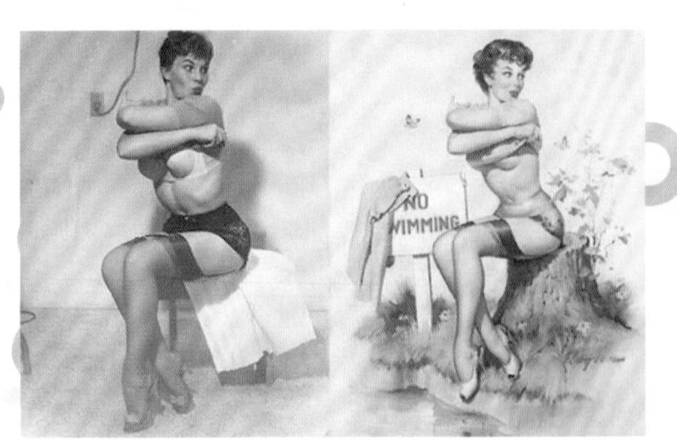

● 小木儿

我们最熟悉的经典小木儿，可谓传世经典，艺术考生并不陌生，除了作为人体动态结构参考，也可作为一种装饰品。

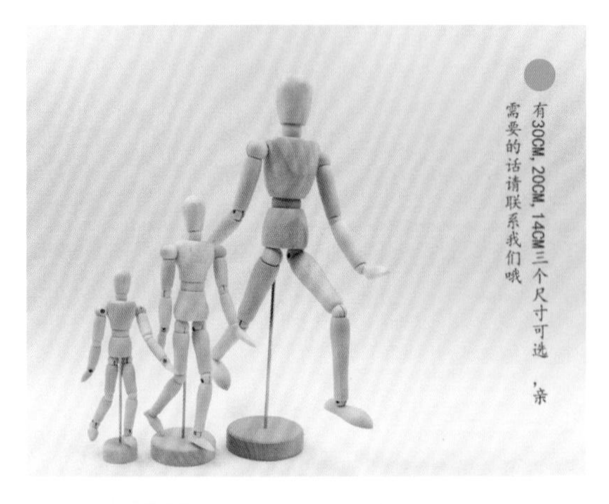

● 素体和人形

在模型玩具范畴里，可着装或附配件的玩具，不包含服装配件的叫法，也可称主体。这种东东四肢及各关节灵活，可调整出各种姿势，但比小木人儿造型更精致。很多画手或漫画作者用它来作模特。

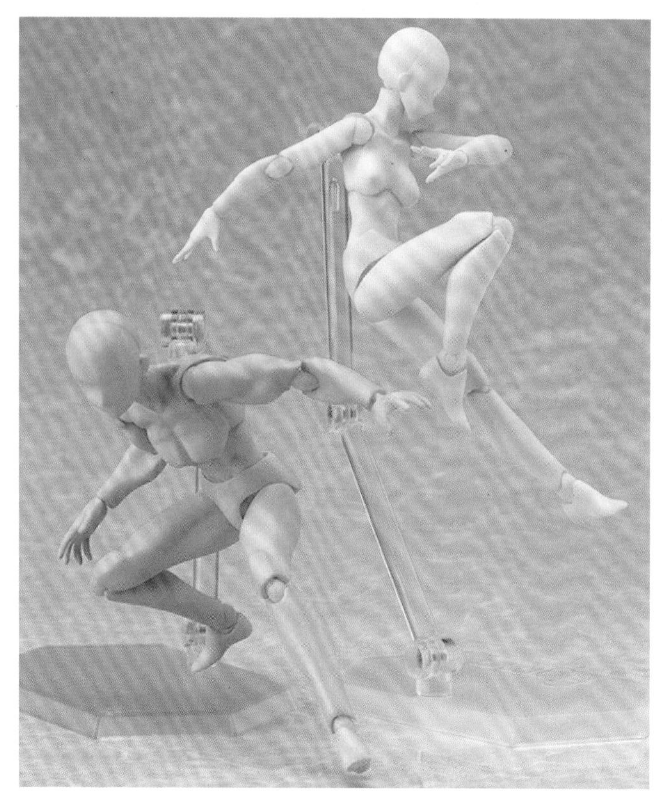

人形，也常被称作手办或figure，指的是现代的收藏性人物模型，也可指汽车、建筑物、视频、植物、昆虫、古生物或空想事物的模型。在中文地区，主要指以ACGN角色为原型而制作的人物模型类动漫周边。由于ACGN爱好者越来越多，人形的质量与艺术性也越来越高，人形的收藏圈也日益扩大。

● 手机 APP 和 Web 网站

智能手机的普及，使人们有时仅用一部手机，就取代了电脑的所有娱乐功能。手机 APP 的开发也层出不穷。很多摆 POSE 的手机小软件很有趣也很实用，且大多数是免费的，也有一些制作精良的 APP 可供专业领域使用，有些收费但价格不高，比小木儿要便宜。

● ArtPose 艺术姿势

ArtPose Female Edition 艺术姿势女士版，简洁且强大的界面能帮你快速摆出理想地姿势。

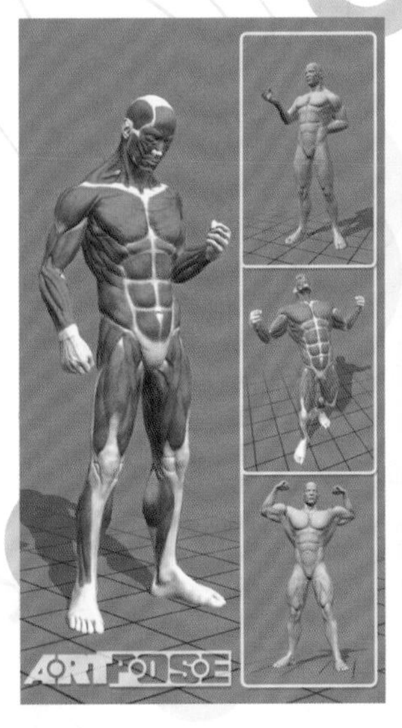

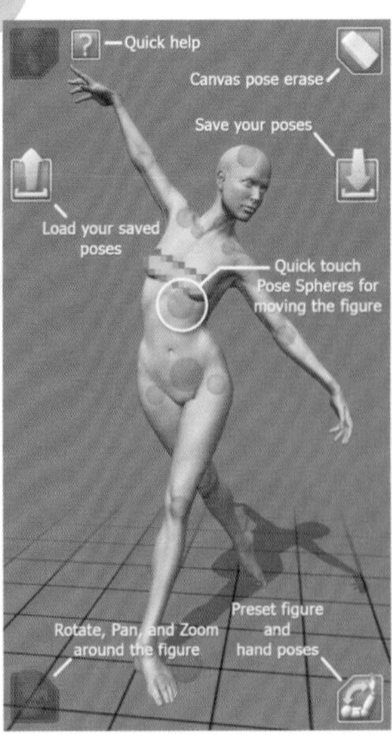

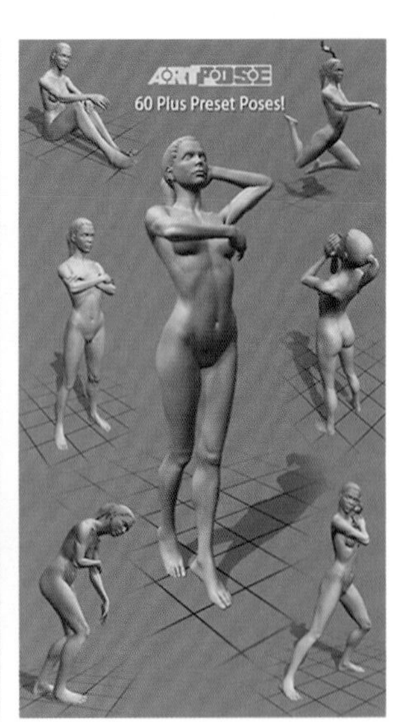

“OPractice Tools - Figure & Gesture Drawing”是一个限时练习参考网站，里面把图片进行了归类练习，有人物、动物、手脚、肖像 4 个分类，点进去后通过选择，可以筛选出你想要的参考图类型。网址为 http://artists.pixelovely.com/。

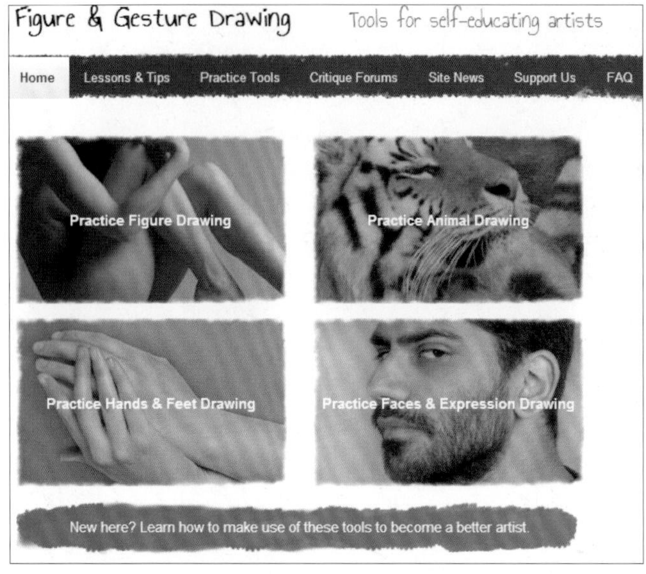

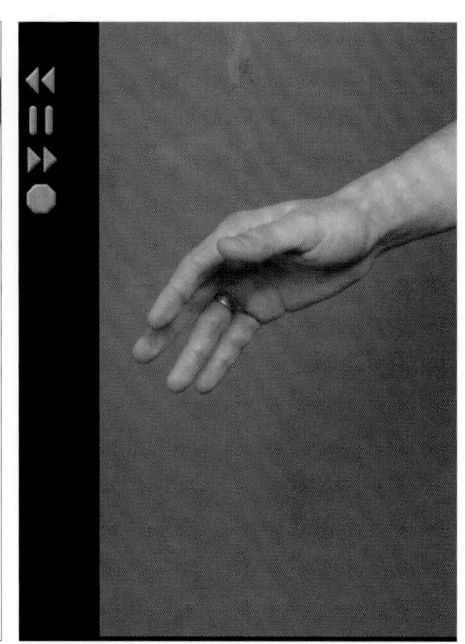

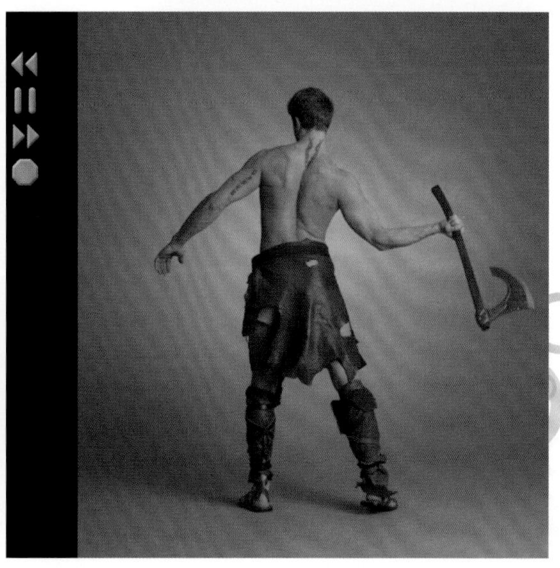

● 图片和素材网站

很多人喜欢花瓣网，网友们以分享采集的方式传播各自喜好的图片，海量集中的图片库为我们作品创作提供了灵感。

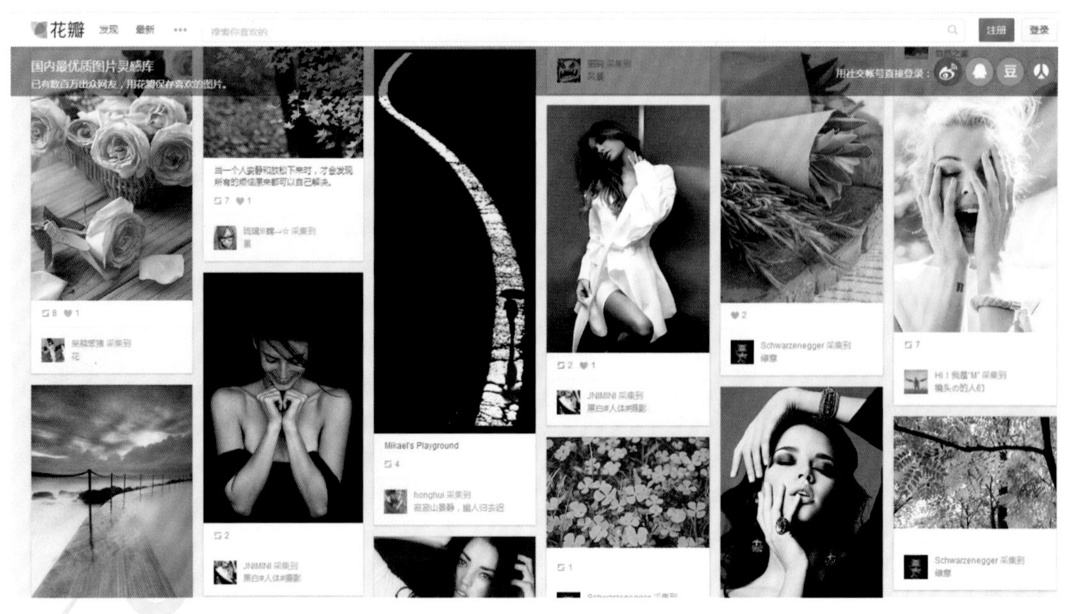

素材网站可以提供绘画时用到的各种参考图形和肌理图案。

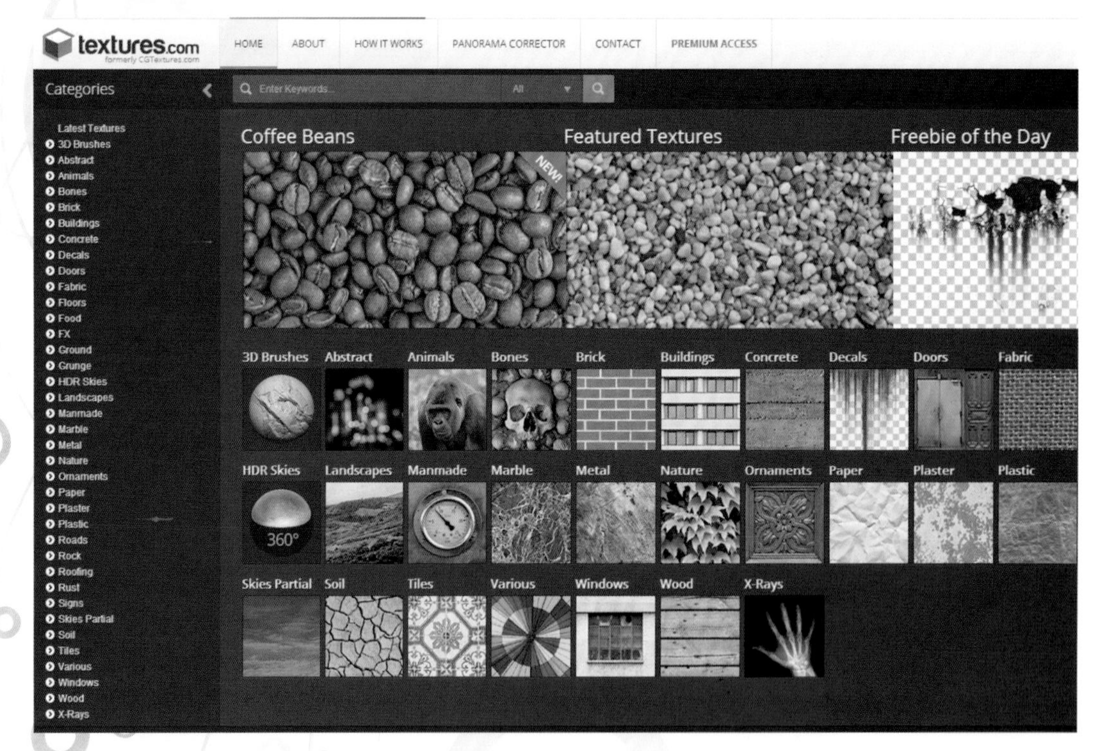

一些搜索引擎很好用，如百度、谷歌、搜狗……能快速搜索出所输关键词的大量相关图片，但图片质量往往鱼龙混杂。

● CG 社区和微博

CGtalk 是国外的一个英文 CG 社区，在全世界 CG 人心中的地位非常高。它讨论的话题包括 CG 新闻、CG 作品、CG 艺术创作、CG 软件应用等。主要是分享来自世界各地高手们的精美 CG 图片，并且有其他世界各地的艺术家为你打分，主要讨论的软件板块包括 Photoshop、Maya、3ds Max 等绘图软件，基本上包含了所有的主流软件。可以说，如果要提高自己的 CG 制图水平，CGtalk 是必去的网站之一。

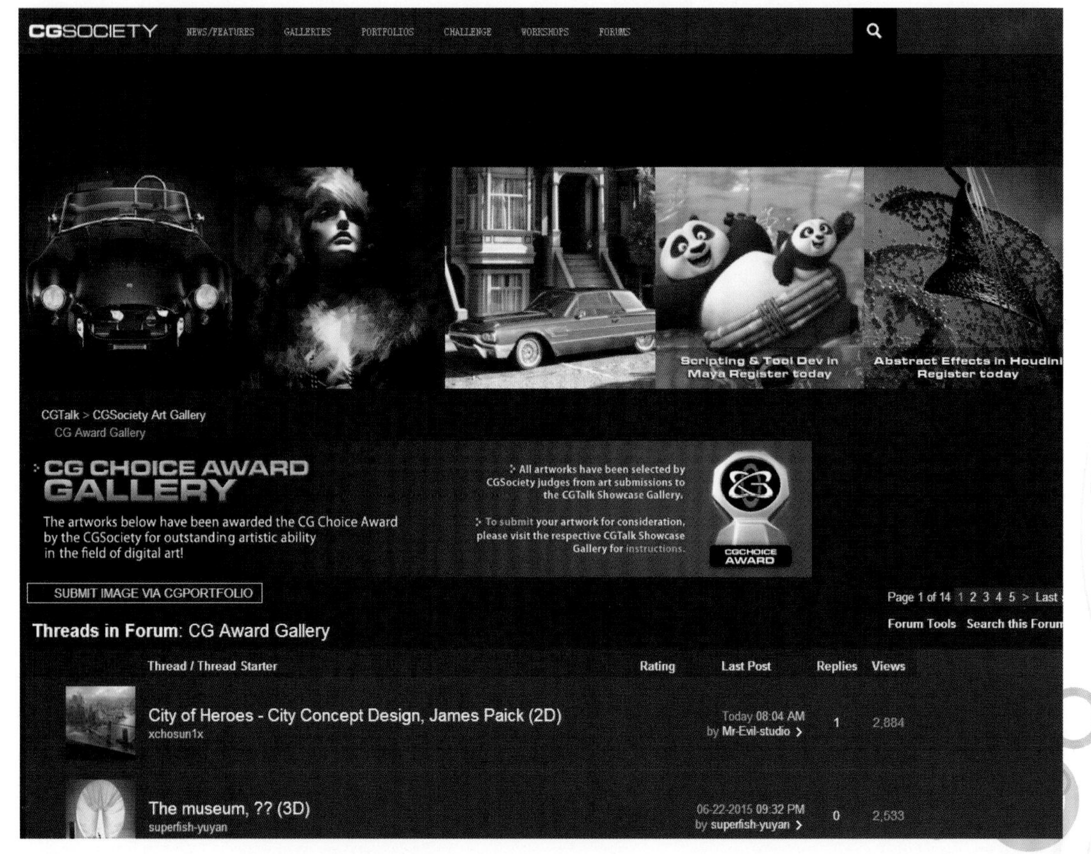

ARTSTATION 是近两年新创办的一个专业 CG 作品网站，全世界的 CG 精英在这里发表作品，其影响力和受众者逐渐替代了 CGTALK 等知名的 CG 网站社区。在这里高手云集，能看到世界顶级艺术家们的作品，有很多值得我们学习和借鉴。

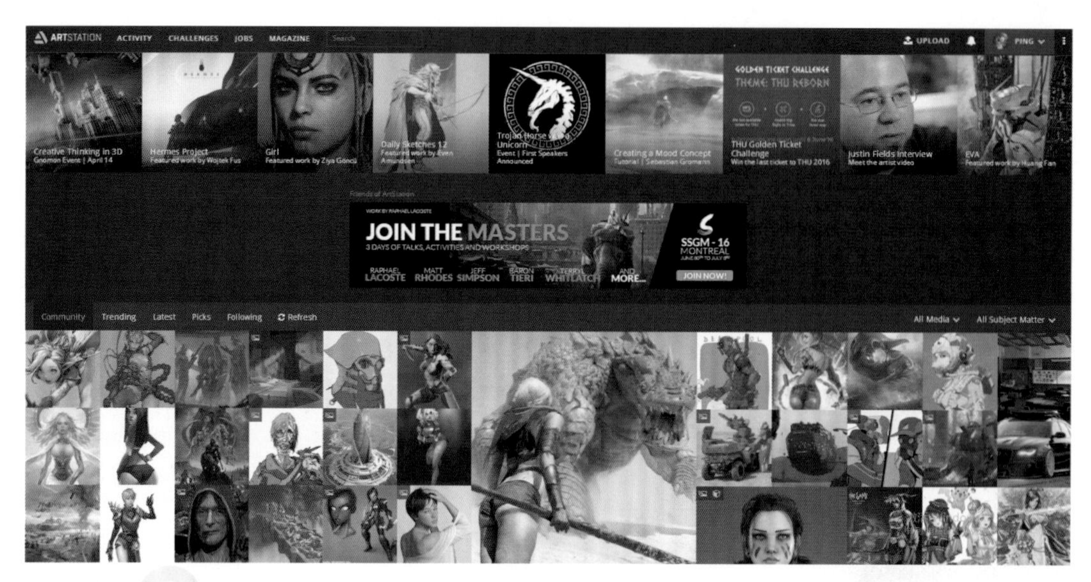

关注高手和行业大V的微博，能经常看到一些优秀的作品和好的资源派分享，以及行业相关信息，下面是笔者所开创的微博。

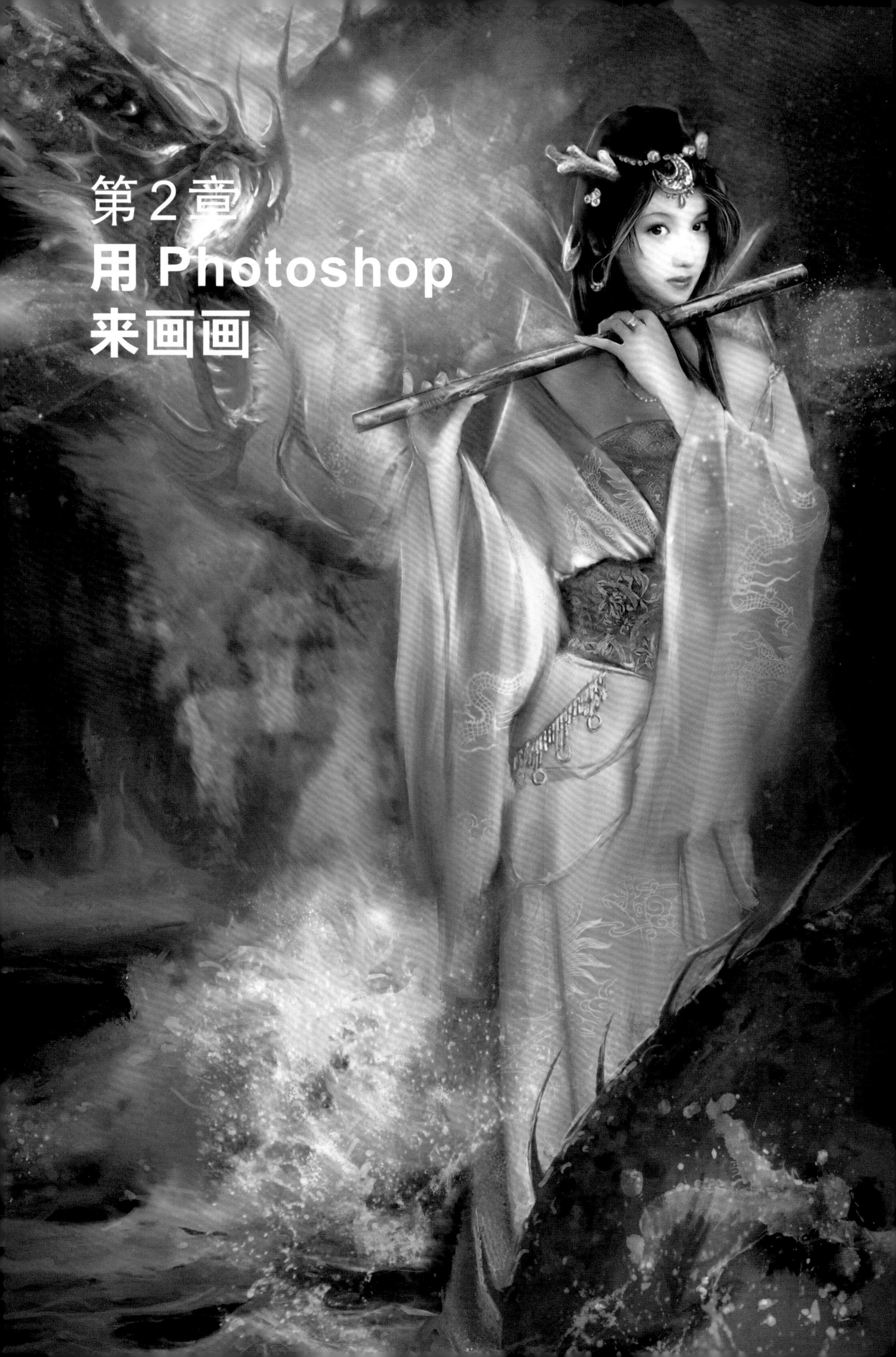

第2章 用 Photoshop 来画画

关于电脑绘画，我想告诉初学者的是：“工欲善其事必先利其器”，软件是电脑绘画必不可少的工具。但切记不要把自己变成软件的奴隶而去学习软件。百分之八九十的软件功能是我们终生用不到的。我们学软件是为了画画，而不是考软件认证。不要拿着一本使用说明书一样的软件教学大全去学软件，而要有针对性地熟练掌握其中一些常用、实用功能，在实战中再逐步探索发掘有用的未知功能，来武装和提升自己的技能。

Photoshop 和 SAI 是目前被普遍使用的两款绘画软件。Photoshop 以越来越多的可变笔刷和更适合绘画的快捷操作体验，逐步摆脱了修图软件的身份，越来越取代了 Painter 的江湖地位，而 Painter 的电脑资源耗费让一些画手忍痛割爱，逐步转为单 Photoshop 绘画。在本书前一版中，笔者主要讲述 Painter+Photoshop 的绘画方法，而由于笔者已经弃用 Painter，故本书的编写略去了 Painter 的内容。同时崛起的 SAI 以其体积小、笔触细腻、融合度好和画线防抖功能，越来越受到一些初学者和国风动漫画手的喜爱和推崇，在本书后面的章节中将加以介绍。

Photoshop 是一款专业而强大的图片处理软件，在图形图像处理领域拥有毋庸置疑的权威地位。无论是平面广告设计、室内装潢，还是处理个人照片，它都已经成为不可或缺的工具。大家常说的 PS，其实就是它的简称缩写。美图秀秀、美颜相机，都是其图片调整功能的简化和缩影。

随着版本的不断提高，Photoshop 的画笔功能日趋强大，除了软件自带的笔刷外，各路高手自制的笔刷无限演变，逐渐超越并取代了 Painter。

2.1 如何设置，让Photoshop更高效地适合绘画

执行“窗口 / 工作区 / 绘画”命令，或在软件窗口中单击 绘画 右侧的小三角图标，从中选取“绘画”选项，软件自动排列显示为绘画常用的面板，而隐藏一些不常用的面板。

按快捷键 Ctrl+K 打开“首选项”对话框，在“性能”选项中将内存使用情况的滑块调至 80%，历史记录状态根据自己的内存配置情况设置范围在 20 ～ 100，这样可以在操作过程中按快捷键 Ctrl+Alt+Z 恢复相应步数到历史记录中之前的画面状态，按快捷键 Ctrl+Shift+Z 则返回到历史记录中最近的画面状态，但设定可重复的步骤越多，对内存的占用也会越大。将高速缓存级别设置为 2 或更高，以获得最佳的 GPU 性能。在“暂存盘”选项中，在各分区盘符前打勾，将空闲空间最大的驱动器调至第一个，而系统所在的 C 驱动器移至最后，这样一些闲置的硬盘空间被用作虚拟内存，从而加快电脑运算速度，提高绘图效率。

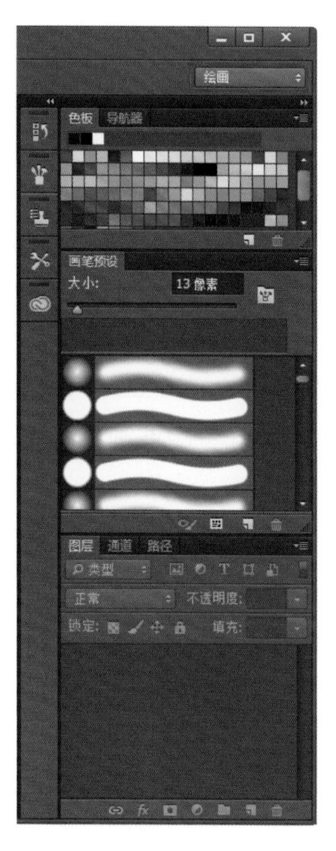

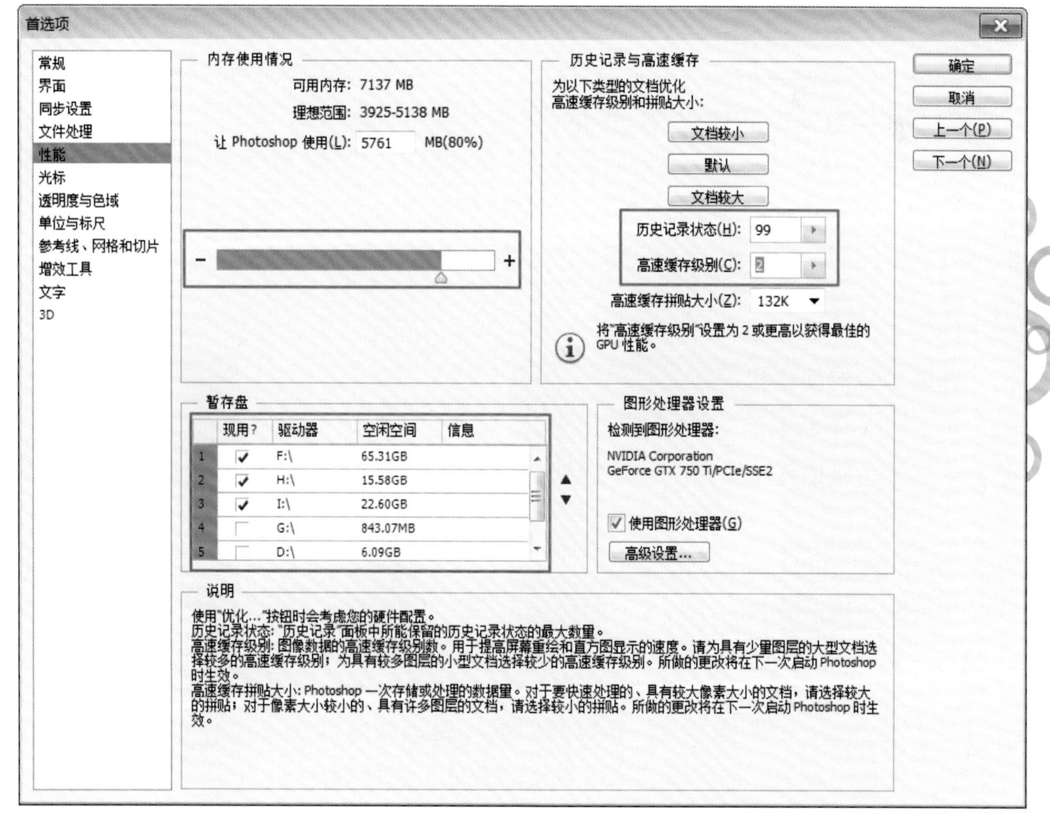

Photoshop 升级到 CS6 版本以后，拥有了一个非常有意义的功能，就是文件自动恢复。遇到停电、系统崩溃或软件意外退出的情况，软件再次打开时会自动恢复意外中止时正在绘制的文件。“自动存储恢复信息时间间隔”选项的最短时间为“5 分钟”。

同时我们还要打开“历史记录”面板，单击右上角的▤图标，在下拉菜单中选择“历史记录选项…”，在弹出来的“历史记录选项”对话框中，勾选“存储时自动创建新快照”选项，这样在每次保存时都会自动形成一个快照结点，无论快照之后做过多少步骤，随时可以点中回到快照结点时的画面状态。需要提示的是，每次关闭文件后再次打开，这些快照就不存在了。

按 F6 键单击“颜色面板”右上角的▤按钮，在下拉菜单中选择“HSB 滑块”命令，其中 H 控制色相，S 控制饱和度，B 控制明度，通过调整选项，我们可以更快速地按色相和明度来选定颜色。也可以选择“色相立方体”直接选色。

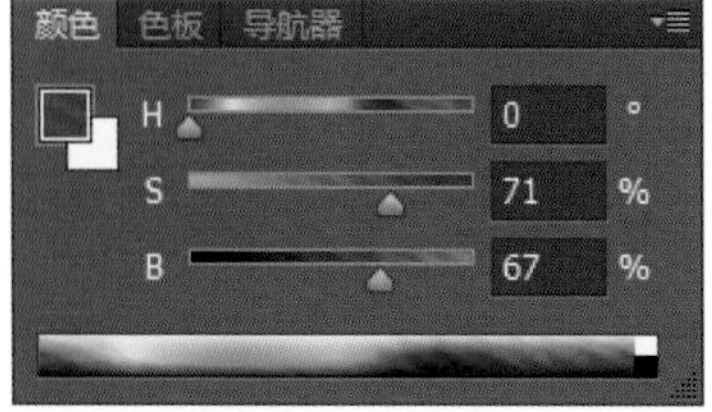

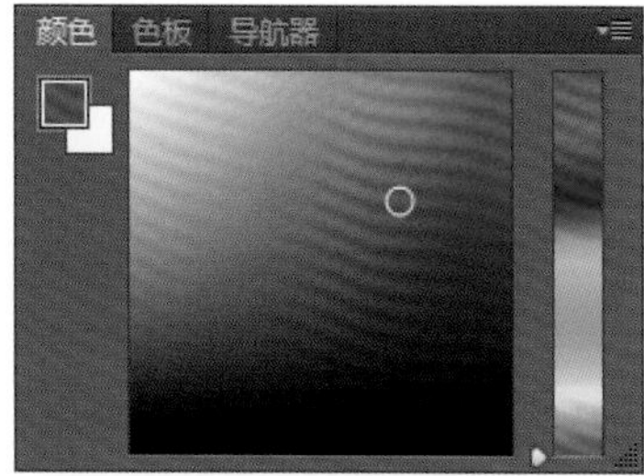

2.2　CG 绘画中常用到的图像调整功能

其实 CG 绘画在“画”的同时，有一半的工作是“调”，而不要一味地去画，要充分利用软件工具带给我们能想得到和想不到的科技快感，提高绘画效率，同时在调试中发现“意想不到”的收获，脑洞大开。

执行“图像 / 调整”命令，在浮动菜单中可以看到亮度 / 对比度、色阶、曲线和色彩平衡等在图片后期中用到的指令。

执行“图层/新建调整图层/……”命令，在不合层的情况下，新建一个调整图层，对其以下所有图层而非单一图层进行同样效果的调节。

我们也可以单击“图层”面板下方的◙按钮，在弹出的菜单中选择“新建调整图层”命令。

这里我们针对绘画调整中常用到的一些调节功能作一介绍。

2.2.1 色彩平衡

调用“色彩平衡”命令的快捷键为 Ctrl+B。

该命令可以快速改变画面的色彩取向，多用于黑白上色的第一步，确定一个基本色调，是暖调还是冷调，或是将某种颜色作为主调，在此基础上再着色细化。

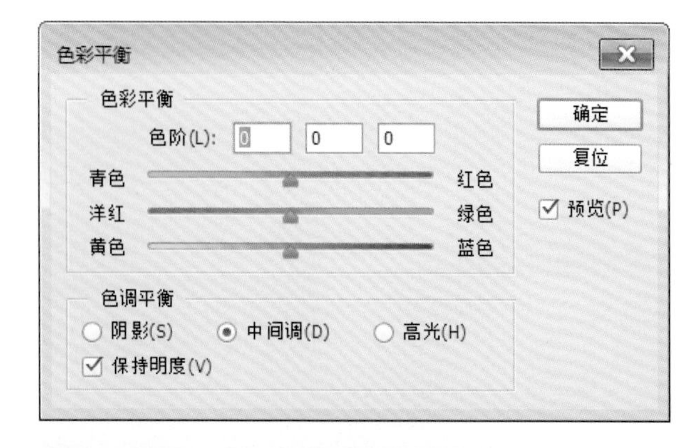
色彩平衡
色彩平衡
色阶(L): 0 0 0
青色 红色
洋红 绿色
黄色 蓝色
色调平衡
阴影(S) 中间调(D) 高光(H)
保持明度(V)
确定
复位
预览(P)

色彩平衡
色调: 中间调
青色 红色 -58
洋红 绿色 +45
黄色 蓝色 +100
保留明度

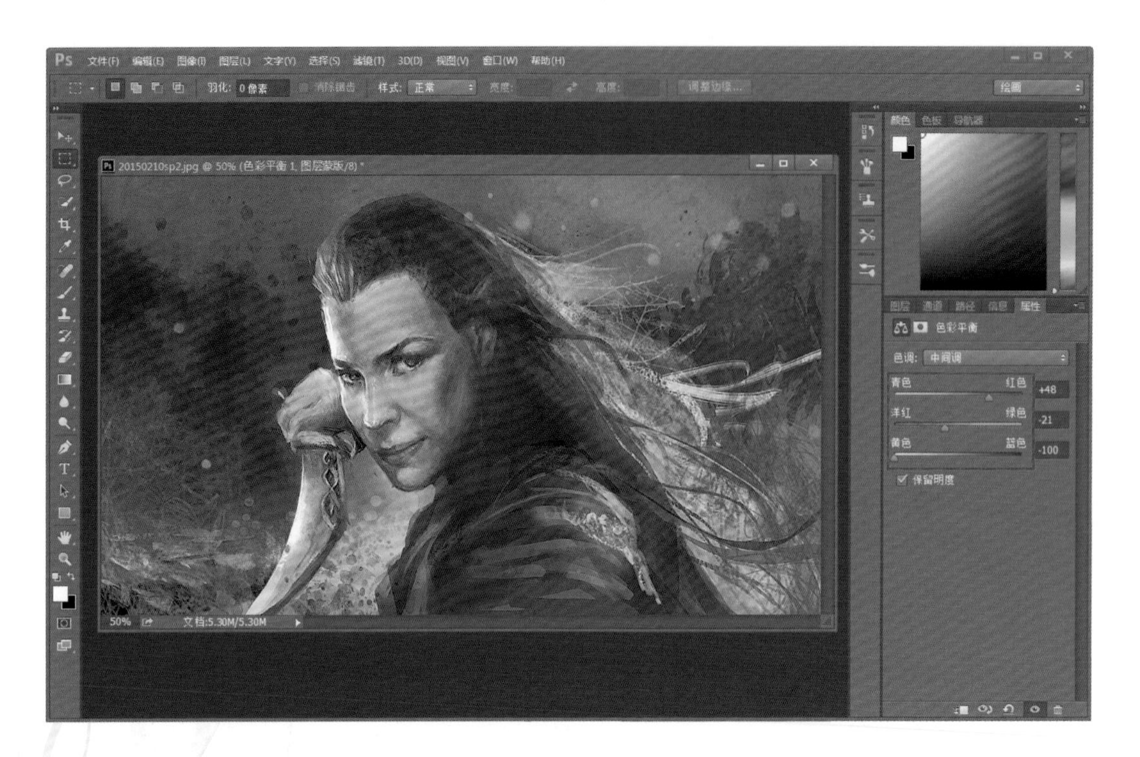

2.2.2 色阶

“色阶”命令的快捷键是 Ctrl+L。

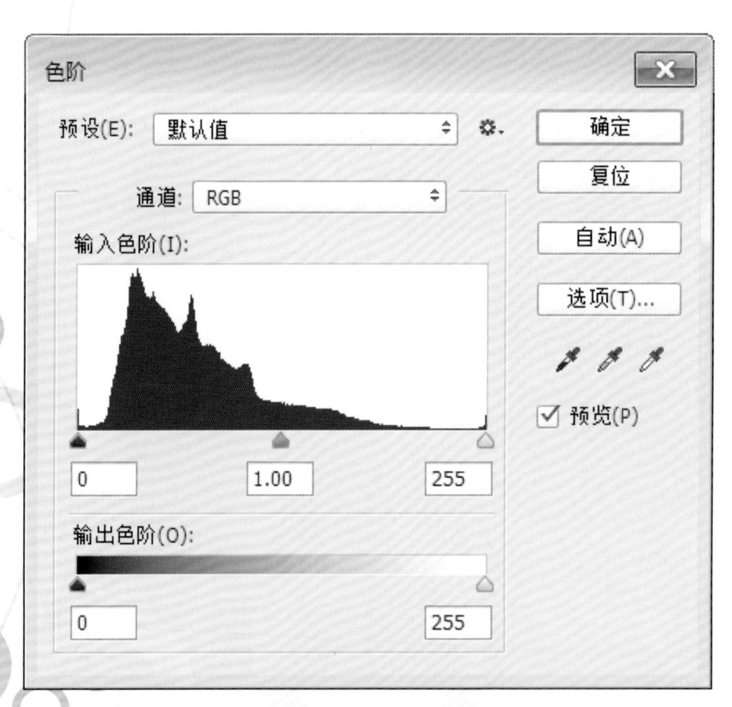

在绘画创作中，我们可以通过调整色阶来压暗画面，得到阴影暗部的效果。方法如下所述。

01 单击“图层”面板底部 按钮，新建色阶调整图层，如图所示将渐变灰度条右边的白色小滑块向左拖动，画面整体变暗，同时此色阶调整图层得到一个蒙版。

02 在蒙版中用“渐变工具”以黑色到透明、从右下向左上角拉出渐变，可以看到下面的画面得到恢复。阴影的部分色彩饱和度低，明度低，受光的部分色彩饱和度高，明底高。

2.2.3 自然饱和度

从图例可以看到，普通的“饱和度”调整，是非理性地加强或减弱颜色的饱和度，画面配色失真而不自然。

应用“自然饱和度”命令进行调整，画面色彩自然而不失真，每种方案可以作为一种风格而被接受。

2.2.4　通道混合器

执行“图层/新建调整图层/通道混合器”命令，在弹出的相应功能面板中，分别选取“输出通道”为“红、绿、蓝”，拖动下面的红、绿、蓝滑块，会改变整个画面的色相。如下图的设置，画面像被罩上了青蓝色，有一种夜色笼罩的感觉。

如下图所示设置，画面变成了橘红色，有霞光映照的感觉。

2.2.5 照片滤镜

执行“图层 / 新建调整图层 / 照片滤镜”命令，在滤镜对应的下拉菜单中选择相应选项，并调整“浓度”参数，得到不同的冷暖效果。

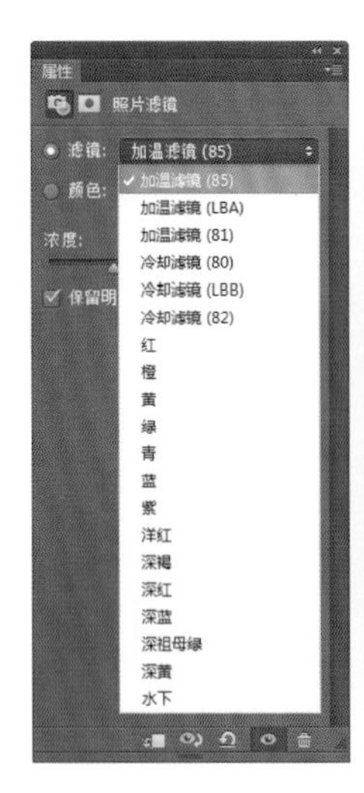

2.2.6　颜色查找

在此功能中预设了一些色彩配置效果，这些效果不一定很适合，但我们可以在创作中尝试，会得到一些配色的启发和灵感。下图为“夜色”配置文件作用效果。

这些调整都可以快速地建立一种直观的模拟预选方案，让我们在此基础上进一步打开思路，而不至于像传统绘画一样，在尝试未果的情况下迷途难返，费功误时。

2.3　妙用图层属性

常用到的图层模式包括：柔光、叠加、线性减淡、强光。在后面的案例详解中，我们会反复使用到这些图层模式。

2.3.1 绘画中常用的图层属性

同样的颜色叠加，运用“柔光”模式会使色彩亮部更加鲜亮，暗部更加通透。

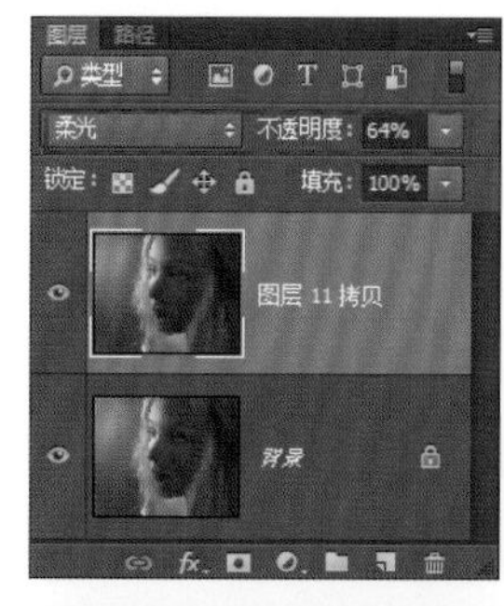

图层的“柔光”属性，我们也经常用于一些肌理图案的作用叠加。

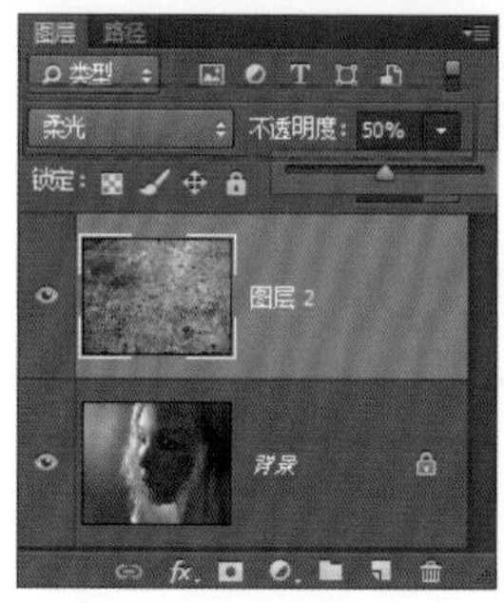

“变亮”“线性减淡”模式往往用在火焰效果的叠加上。

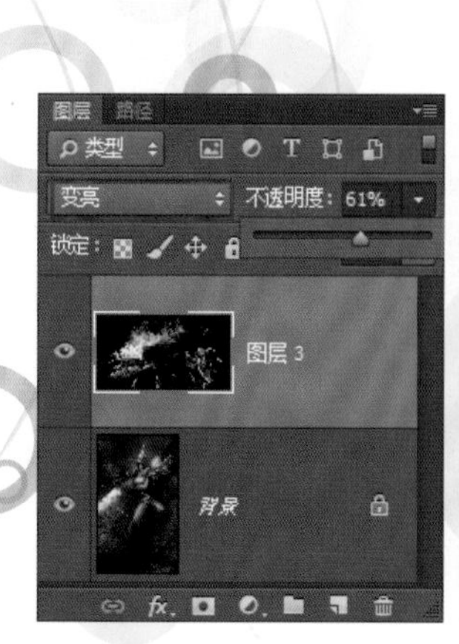

2. 3. 2　用图层属性的叠加效果来寻找色感或灵感

我们经常用图层属性的叠加效果来寻找色感或灵感，方法是按快捷组合键 Ctrl+Alt+Shift+W 合并同时新建图层，按鼠标上下键切换各种图层模式，不同的图层模式作用于下面的图层后，会产生出各种不同的色彩和光效，打破原有图像的固有形式，一些有价值的显色形式值得我们保留并在此基础上取舍，继而进行下一步的创作。

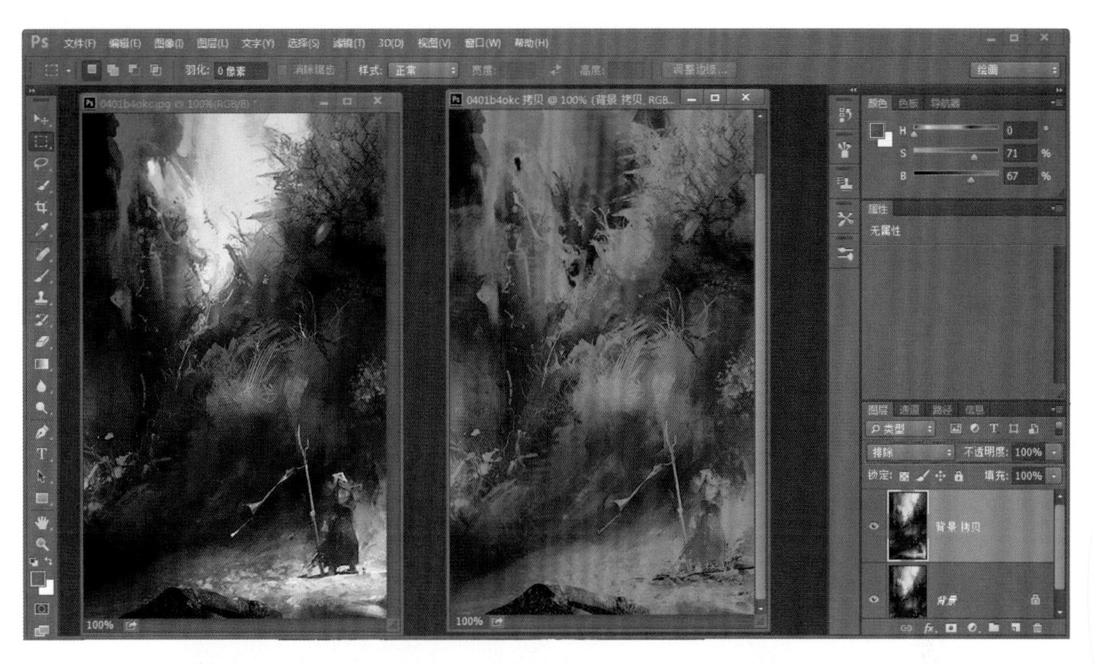

一些调整图层同样可以调整图层属性，进行相互作用，从而得到一定的效果。

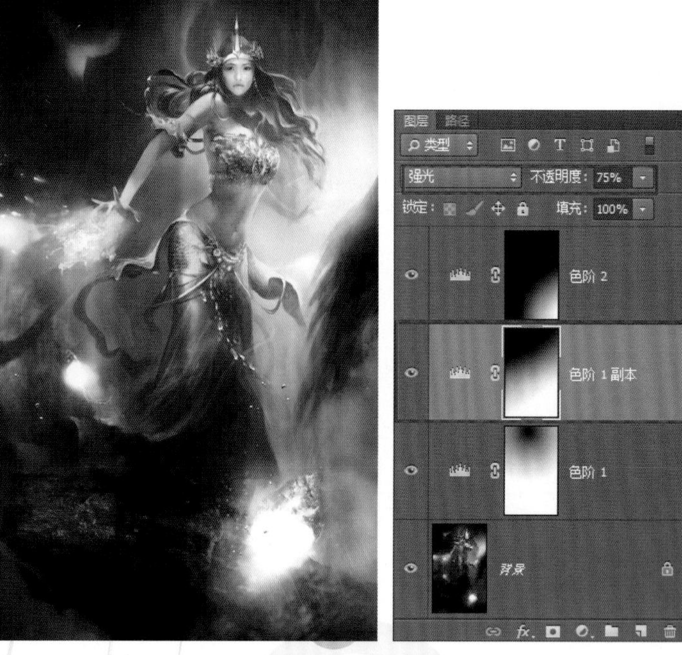

在实际创作中，往往是多种调整模式同时相互作用，并反复使用，而非单单一个图层作用就能完成。

除了个人的主观感觉外，我们还要遵循一定的光学原理、色彩原理和色彩心理。这样说貌似很复杂的样子，其实很多感觉是与生俱来的，只要我们多归纳和总结，把过去的经验运用到绘画的实践中，画面就会更生动，更富有表现力。

第3章
色彩原理在CG绘画中的运用与表现方法

3.1 色相、明度、纯度

色相即每种色彩的相貌、名称，如红、橘红、翠绿、湖蓝，群青等。色相是区分色彩的主要依据，是色彩的最大特征。

明度即色彩的明暗差别，也即深浅差别。色彩的明度差别包括两个方面：一是指某一色相的深浅变化，如粉红、大红、深红，都是红，但一种比一种深。二是指不同色相间存在的明度差别，如六标准色中黄最浅，紫最深，橙和绿、红和蓝处于相近的明度之间。

纯度即各色彩中包含的单种标准色成分的多少。纯色的色感强，即色度强，所以纯度亦是色彩感觉强弱的标志。

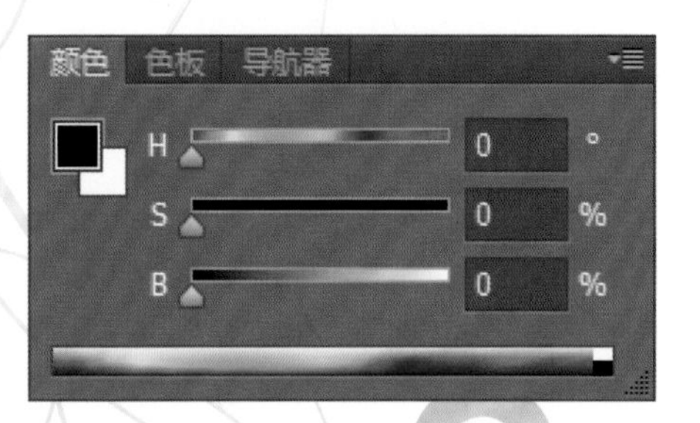

Photoshop 的“颜色”面板，我们选用 HSB 模式，可按三要素直观地理解和选择颜色。

色相 H：确定色彩（什么颜色，桃红、金黄、翠绿、天蓝）。

明度 S：确定明亮度（浓淡、亮不亮）。

纯度 B：确定鲜艳度（鲜不鲜）。

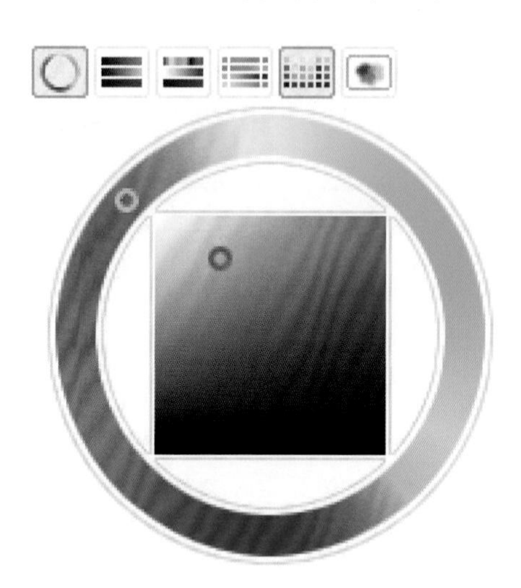

SAI 的色轮可以帮助我们理解色相，最基本的颜色是被称为三原色的红 R、黄 G、蓝 B 三色。

原色有三种，即红、黄、蓝，它们是不能再分解的色彩单位。三原色中每两组相配而产生的色彩称之为间色，如红加黄为橙色，黄加蓝为绿色，蓝加红为紫色，橙、绿、紫称为间色。

在色相环上，相对的称为对比色，如红色的对比色是绿色，靠近的颜色称为邻近色，如红色的邻近色是紫色和橙色，同色系指在同一色相中混入白或黑色后合成的颜色。

3.2 色彩对比

在绘画中，为达到一定的视觉效果，我们经常会用到对比色。

对比色也称“补色”，是人的视觉感官所产生的一种生理现象，是视网膜对色彩的平衡作用。校园里布告栏通常有一些公告，红纸上的黑色墨字总有绿色的感觉，这就是视觉上的补偿。

红与绿、橙与蓝、黄与紫，现实中的对比色就是互为补色的关系。由于补色有强烈的分离性，故在色彩绘画的表现中，在适当的位置恰当地运用补色，不仅能加强色彩的对比，拉开距离感，而且能表现出特殊的视觉对比与平衡效果。

很多电影中经常会运用一些补色来处理画面，如图所示。

3.3 光源色、固有色、环境色

光是画面中一个重要的元素，一般光可分为自然光和人为光。

与光有关的关键词包括：角度、强度、面积、冷暖、黑白灰、层次等。

现实中，视觉由光而产生；画面上，素描、色彩因光而存在。

我们可以将光作为一种元素，或者说它是一种物质来对待，而这种物质有足够的能力来影响和改变你画面中其他的东西。故事气氛、画面的结构也因光而显示出不同的气质。

3.3.1 光源色

色彩的本质是光，光和色彩有密切的关系。宇宙万物之所以呈现出各种色彩面貌，各种光照是先决条件。自然界的物体对色光具有选择性吸收、反射与透射等现象。光源色也是指照射物体光线的颜色。不同的光源会导致物体产生不同的色彩。如一个石膏像由红色光投射，其受光部位会呈现红色，相反如果改投蓝光，那么它的受光部位会呈现蓝色。由此可见，相同的景物在不同光源下会出现不同的视觉色彩。光源色的色相是影响景物色相的重要原因。

在日常生活中，光有多种来源，色相偏冷的有：日光灯光、月光、电焊弧光等；较暖的有白炽灯光、火光等。即便是太阳光，由于一天之中早晨、中午、傍晚这些时间上的差异，以及照射地球角度的不同，也会对景物的色彩产生不同的影响。太阳光的直接照射与漫射光（阴天时，大量水汽凝结成更大的水粒，阻碍着阳光的色光通过，经过无数次折射与反射之后，才有极微弱的一部分阳光通过，称为漫射光）形成强光与弱光。光线强时，物体色会提高明度，其色彩倾向与纯度同时也会产生变化；光线弱时，物体明度会降低。

我们在写生时，首先要判断光源色的方向、冷暖，分析观察物体色彩在光源色照射下所发生的具体变化，如同一座建筑物在早晨、中午、傍晚不同光线照射下，或是在阴天、夜晚等特殊光线下，会呈现不同的色彩变化，理解这种因光源色的变化而变化的色彩关系，才能有区别地画出不同时间环境气氛中的景物。

印象派画家莫奈以草垛为表现内容，一天之内画出侧光、顺光、逆光等不同光源色变化的作品数张，这样的做法虽然有点儿极端，但却体现了画家对光源色变化、对物象色彩影响的深刻探索和追求。

3.3.2 固有色

固有色即物象的本来颜色，也就是说一个物象在通常情况下给你的色彩印象。经验告诉我们，不同的物象具有不同的固有色，如蓝天、白云、红花和绿叶。

其实固有色并不是一个非常准确的概念，因为物体本身并不存在恒定的色彩。但作为一种习以为常的称谓，它便于人们对物体的色彩进行比较、观察、分析和研究。

有些色彩学家指出：物体在中等光线下（也可以说阳光间接反射或在漫射光下），其他色光影响较小时，可呈现的固有色最明显。

3.3.3 环境色

环境色也叫“条件色”。自然界中任何事物和现象都不是孤立存在的，一切物体色均受到周围环境不同程度的影响。环境色是一个物体受到周围物体反射的颜色影响所引起的固有色的变化。

环境色是光源色作用在物体表面上而反射的混合色光，所以环境色的产生是与光源的照射分不开的。夸张的色彩会营造一种氛围和电影画面感，如天光、火光。

MTV

我们可以通过“色彩平衡”命令调整画面的整体而非单一图层的色调，制造模拟一种环境光。

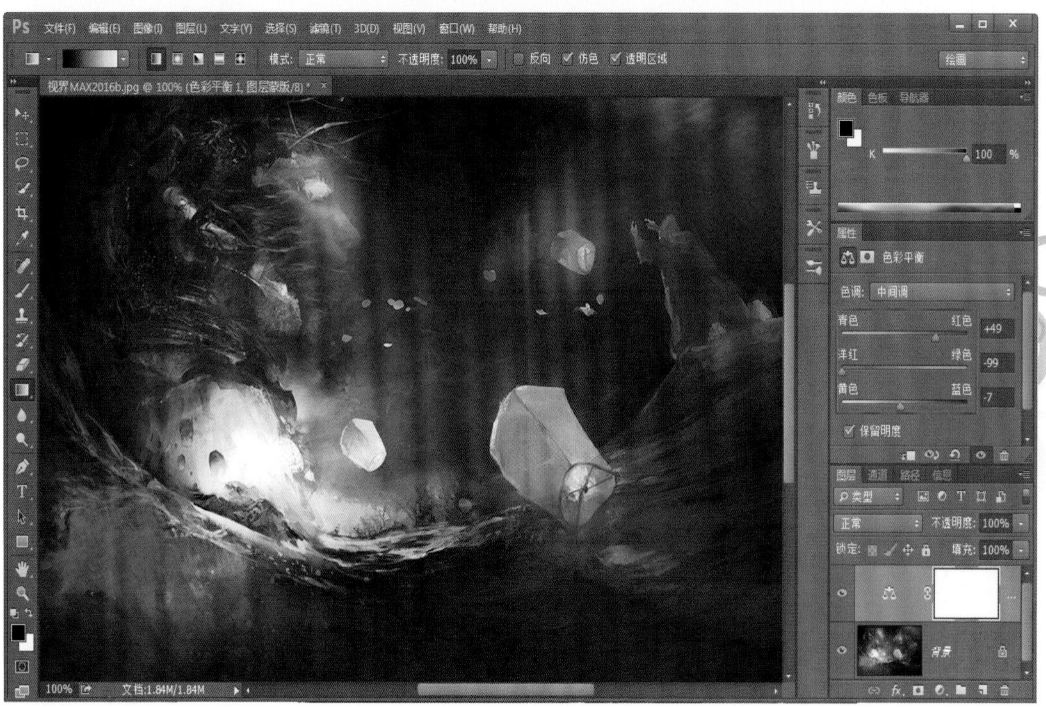

3.4 色彩心理

在自然世界、社会活动方面，色彩在客观上是对人们的一种刺激和象征；在主观上它又是一种反应与行为。色彩心理透过视觉开始，从知觉、感情而到记忆、思想、意志、象征等，其反应与变化是极为复杂的。色彩的应用，很重视这种因果关系，即由对色彩的经验积累而变成对色彩的心理规范，当受到什么刺激后能产生什么反应，都是色彩心理所要探讨的内容。

色彩的直接性心理效应来自色彩的物理光刺激对人的生理发生的直接影响。心理学家曾作过许多实验，他们发现在红色环境中，人的脉搏会加快，血压有所升高，情绪容易兴奋、冲动；而处在蓝色环境中，脉搏会减缓，情绪也较沉静。有的科学家发现，颜色能影响脑电波，脑电波对红色的反应是警觉，对蓝色的反应是放松，这些经验都告诉向我们明确地肯定了色彩对人心理的影响。

3.4.1 色彩的冷暖感

冷色与暖色是依据心理错觉对色彩的物理性分类，对于颜色的物质性印象，大致由冷暖两个色系产生。波长长的红光和橙、黄色光，本身有暖和感，以此光照射到任何色都会有暖和感。相反，波长短的紫色光、蓝色光、绿色光，有寒冷的感觉。

红、橙、黄色常常使人联想到旭日东升和燃烧的火焰，因此有温暖的感觉；蓝青色常常使人联想到大海、晴空、阴影，因此有寒冷的感觉；凡是带红、橙、黄的色调都带暖感；凡是带蓝、青的色调都带冷感。色彩的冷暖与明度、纯度也有关。高明度的色一般有冷感，低明度的色一般有暖感。高纯度的色一般有暖感，低纯度的色一般有冷感。无彩色系中白色有冷感，黑色有暖感，灰色属中。夏日，我们关掉室内发暖黄光的白炽灯，打开冷白光的日光灯，就会立刻有一种变凉爽的感觉。其实室温没有发生变化，而是心理上的色彩感觉。

冷色有退远的感觉，暖色则有迫近感。这些感觉都是偏向于对物理方面的印象，但却不是物理的真实，而是受我们的心理作用而产生的主观印象，它属于一种心理错觉。

冷暖往往并非绝对。单击“图层”面板下方的图标，新建“色彩平衡”调整图层。拖动滑块偏向洋红、青色和蓝色，画面如图所示。

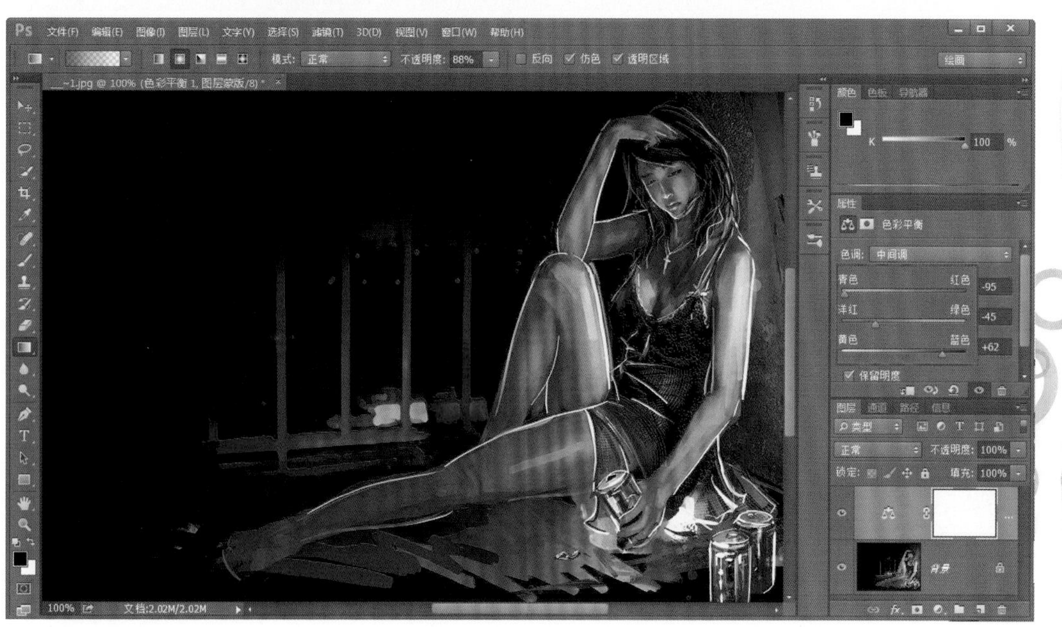

就色相而言，调整后的图依然还是属于红色系，但相对于原图的暖红色，色相更偏向于冷色的蓝，而远离了暖黄色。画面给人以冷色的感觉。这种冷是相对的，不是绝对的，不是冰天雪地的冷。高光部分反映出受到冷光如白炽灯的照射。

3.4.2　色彩的明快感与忧郁感

色彩的明快感与忧郁感与纯度有关，明度高而鲜艳的色具有明快感，深暗而混浊的色具有忧郁感；低明基调的配色易产生忧郁感，高明基调的配色易产生明快感；强对比色调具有明快感，弱对比色调具有忧郁感。

高明度，强对比色调产生明快感，让观者随之产生愉快的心情，如图所示。

执行“图层/新建调整图层”命令，选择“色相/饱和度”选项，通过调整可加强或减弱色彩饱和度。

通过调整色阶，使明度降低，随着明度与色彩饱和度的降低，画面有种尘封的记忆的远离感。

3.4.3　色彩的华丽感与朴素感

这与纯度关系最大，其次是与明度有关。凡是鲜艳而明亮的色具有华丽感，凡是浑浊而深暗的色具有朴素感。有彩色系具有华丽感，无彩色系具有朴素感。运用色相对比的配色具有华丽感。其中补色最为华丽。强对比色调具有华丽感，弱对比色调具有朴素感。

3.4.4 色彩的兴奋感与沉静感

这与色相、明度、纯度都有关，其中纯度的作用最为明显。在色相方面，凡是偏红、橙的暖色系具有兴奋感，凡属蓝、青的冷色系具有沉静感；在明度方面，明度高的色具有兴奋感，明度低的色具有沉静感；在纯度方面，纯度高的色具有兴奋感，纯度低的色具有沉静感。因此，暖色系中明度最高、纯度也最高的色兴奋感觉强，冷色系中明度低而纯度低的色最有沉静感。强对比的色调具有兴奋感，弱对比的色调具有沉静感。

第4章 Photoshop 笔刷详解

《神雕侠侣》里杨过被神雕带至剑冢，是一位前辈高人独孤求败葬剑的地方，这里有几柄剑，每柄剑下的石上刻有两行小字：“凌厉刚猛，无坚不摧，弱冠前以之与河朔群雄争锋。”“重剑无锋，大巧不工。四十岁前恃之横行天下。”“四十岁后，不滞于物，草木竹石均可为剑。自此精修，渐进于无剑胜有剑之境。”

对于电脑绘画而言，笔刷就是你的剑。很多当今大师级的人物，只用最平常的一支软件自带默认笔，就能画出惊世之作。所以，最关键的还是使剑用笔的人，在于画者的修为和功力。

笔刷就是工具，不要太魔化笔刷的神奇，适合自己风格的笔刷会事半功倍，滥用笔刷反而弄巧成拙。

本书特意把 Photoshop 笔刷单独划分出一个独立的章节来讲述，原因在于虽然我们一再强调重在基础，不要太多在意笔刷，但的的确确运用好笔刷也是一项很重要的基本功，同时一个画者的画面感觉和画风往往取决于他习惯使用的笔刷。工欲善其事必先利其器，画好 CG 画，要掌握好软件，而在一个软件中，最第一线的真刀真枪，非笔刷莫属。因此找一个适合自己的笔刷，找一个适合表达画中质感的笔刷，的确很重要。

4.1 笔刷的使用、分类、安装方法

4.1.1 笔刷的使用

在电脑绘画中，我们使用压感笔，随着笔尖压力轻重的改变，粗细和浓度随之改变，会产生与真实相似的体验感。

按快捷键 F5 可以打开“画笔”面板，勾选“形状动态”选项并在“控制”框中选定“钢笔压力”选项，这样在压感作用下就会产生“两头尖”笔触的画笔了。如果不可以，就是数位板驱动没装好，需要重装或下载更新相应型号板子的驱动程序。

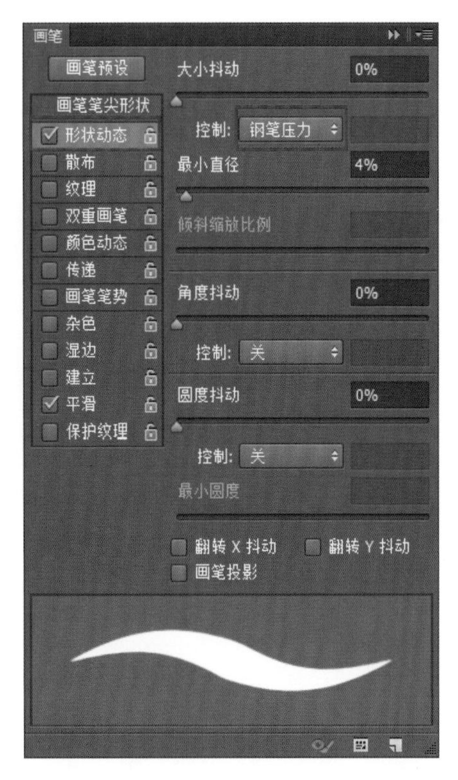

在同样的笔刷大小下随压感力度改变笔尖粗细，设定前后的对比效果如图所示。

同时勾选“传递”复选项，在“控制”选项框中选定“钢笔压力”选项。

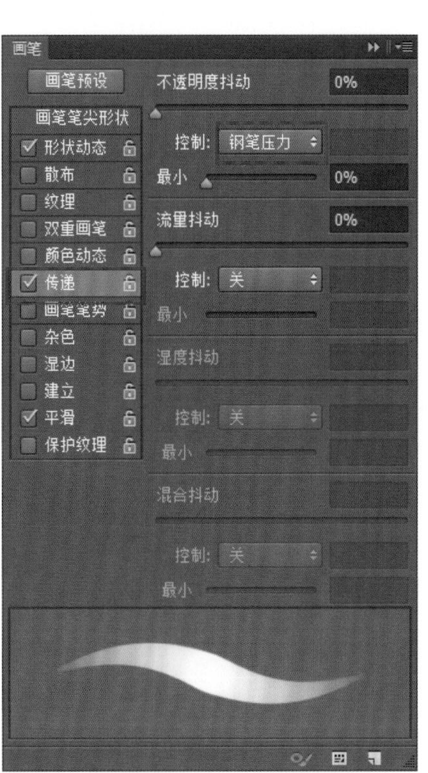

同样选色情况下，随压感力度改变颜色的深浅浓度，设定前后的对比效果如图所示。

在绘制人物皮肤的时候，我们可以选用比较柔边的笔刷，根据情况适当调整笔刷大小。

在 Photoshop 中调整笔刷大小，可以按 Ctrl+Alt+ 压感笔右键按钮，同时笔尖在画布上拖拉出笔刷大小的圆，也可在绘画画面中按下压感笔右键按钮，会跳出笔刷大小调节界面，在界面中拖曳“主直径”对应滑块，然后将笔头光标从面板界面移至绘图画面中，观察笔头圆圈大小即笔头大小，调整到理想笔刷大小后直接绘画，浮动调整界面自动消失（如果看到笔头光标显示不是圆圈而是十字，按下 Caps Lock 键即可切换）。如果觉得以上方法麻烦，可通过连续按快捷键“ [”（减小）、“] ”（增大）实现笔刷大小调节。

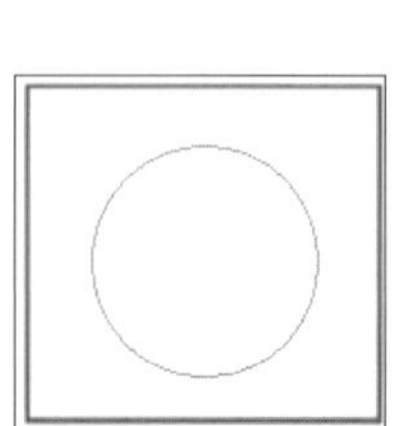

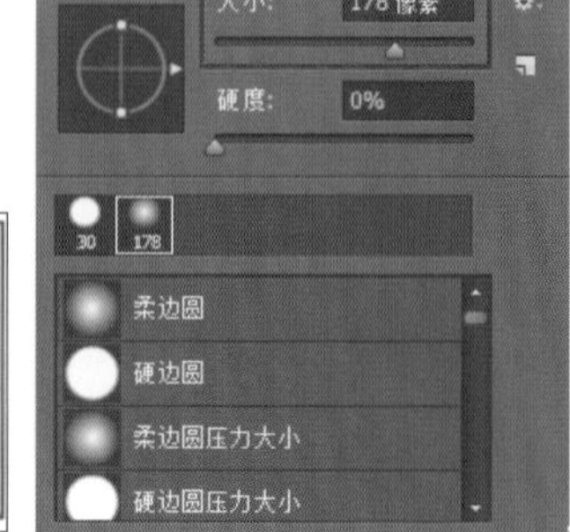

4.1.2 笔刷的分类

我们可以在网上搜索下载到很多 Photoshop 素材笔刷，也有很多 CG 高手总结开发了比较适合手绘的笔刷套装。

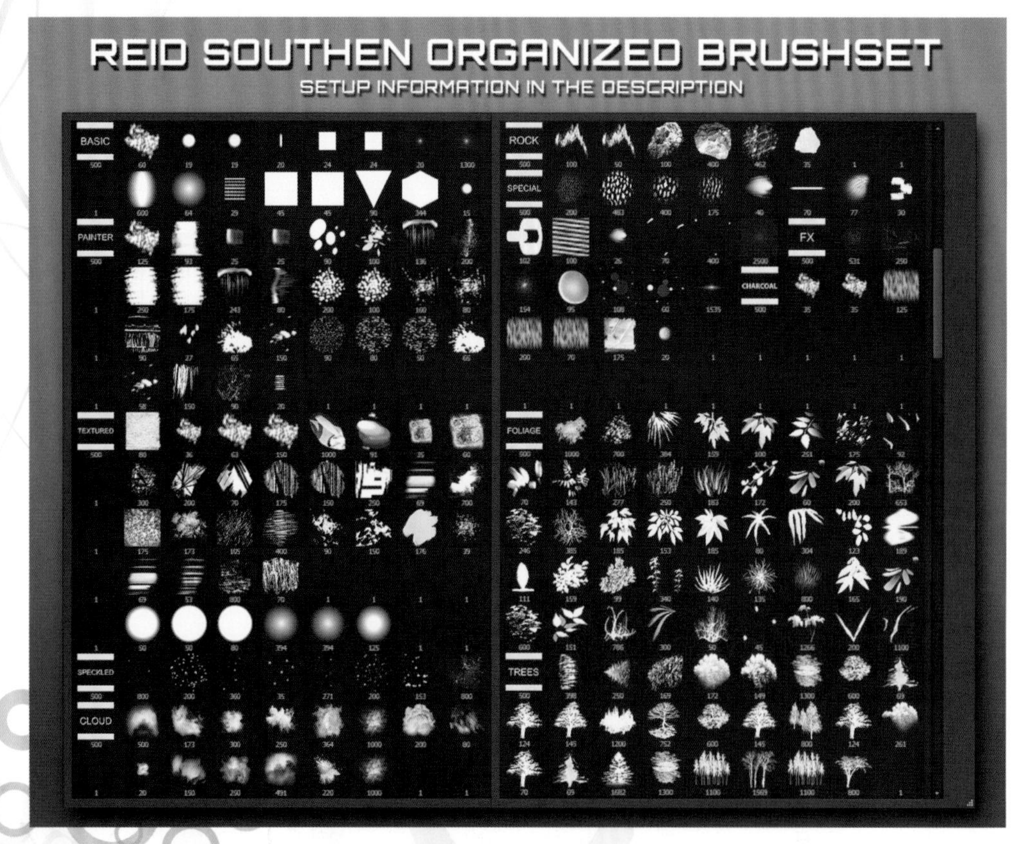

这里特别推荐由杨雪果老师开发的 Blur's Good Brush，实用而全面。本书案例中使用的笔刷基本可以在此笔刷库中找到，读者可网上搜索，免费下载。

Blur's Good Brush 是杨雪果老师针对数字绘画、电脑手绘开发的一套专业 Photoshop 笔刷库，其分为 General（综合）、Traditional（传统）、Mixer（混合器画笔）、Stylize（风格化）、Shape（形状）、FX（特效）、Texture（纹理）七大类，总共 450 余种画笔，每一种画笔都是根据笔者多年的绘画经验制作而成。使用 Blur's good brush 可以方便快捷地帮助你实现数字绘画中的各种效果，比如传统绘画效果、视觉特效、纹理绘制等，适合从事概念设计、插图设计、2D/3D 动画制作、平面设计等专业人士使用。

根据用途和效果，可将各类笔刷归纳为三大类：基本笔刷、肌理笔刷和特效笔刷。

● 基本笔刷

我们所说的基本笔刷即无特别效果，满足一般绘画起稿、上色的常规笔刷。按软硬度可分为硬边笔和柔边笔。硬边笔用于画线稿和细节，主要用于构型。柔边笔也可叫作喷笔，主要用于柔和过渡。一幅画的虚实，要靠笔的软硬来实现。

● 肌理笔刷

通过一些笔刷纹理，快速表现一些质感。某些大师的速涂作品经常使用一些肌理笔刷，快速写意地表现地面、麻布、金属等。

肌理笔刷还包括一些水墨笔刷，还有水彩、油画的质感都可以通过肌理笔刷得以表现。

4.1.3 特效笔刷

特效笔刷专属用于表现如闪电、雪花、植被、烟雾等效果。

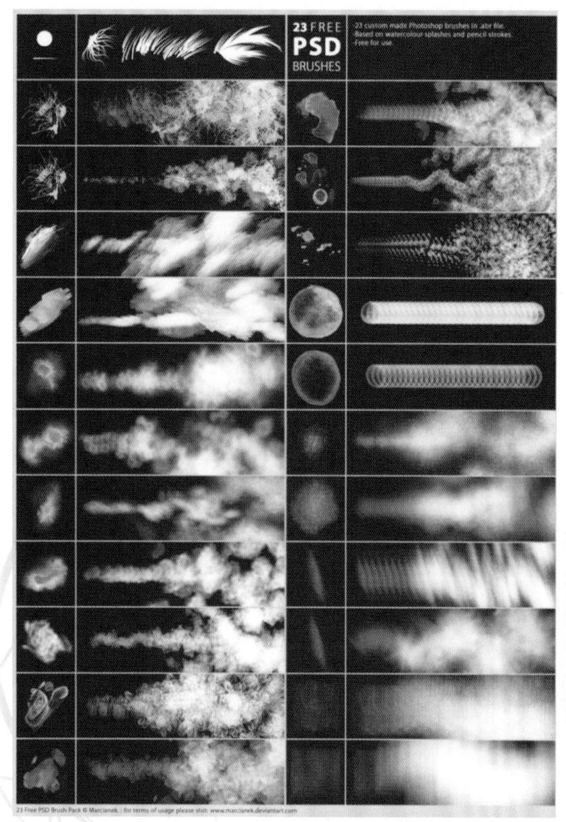

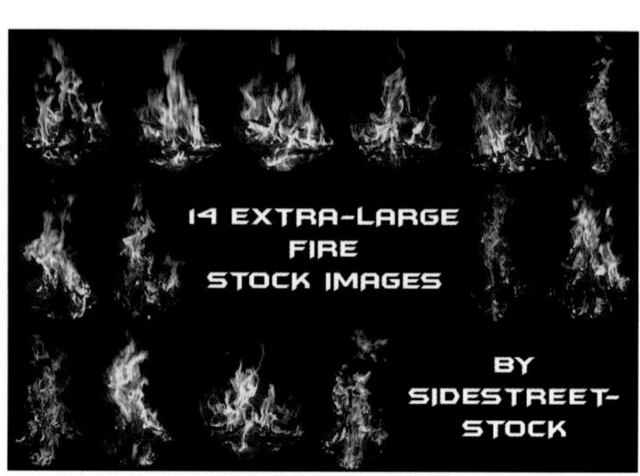

需要注意的是，很多笔刷只是图案，不具备压感和随机效果，仅仅是图案被定义为了笔刷，在画面中单击左键置入，然后通过缩放大小和更改图层叠加模式和不透明度，来达到使用效果。

对于一些随机分布特效，如草丛、雪花、水泡等，我们可以通过在画笔属性面板中勾选并设置“形状动态”“散布”“颜色动态”选项来实现最佳效果。

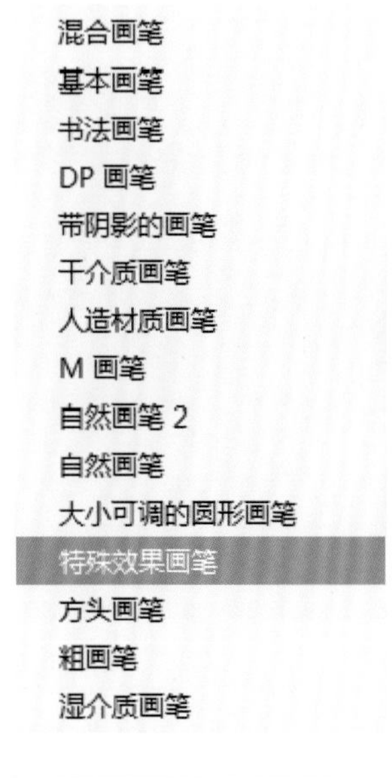

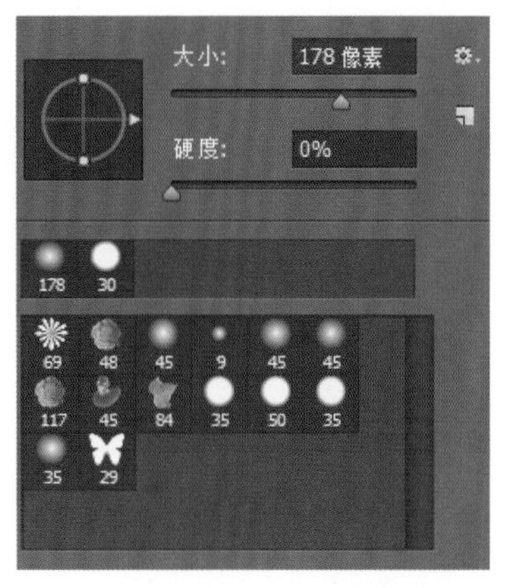

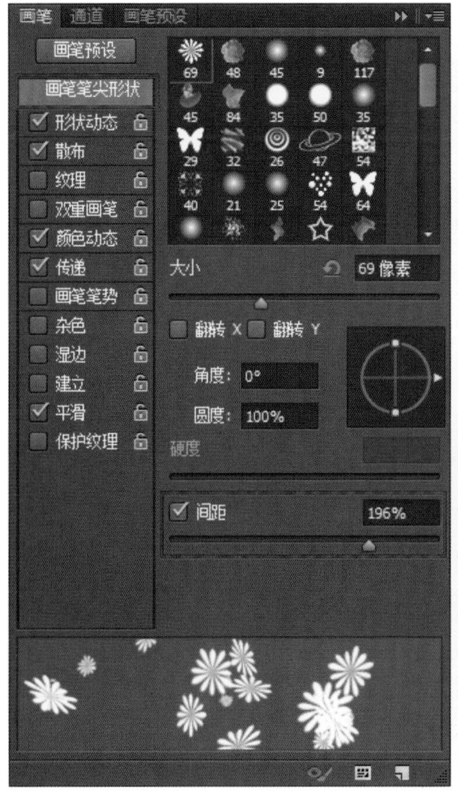

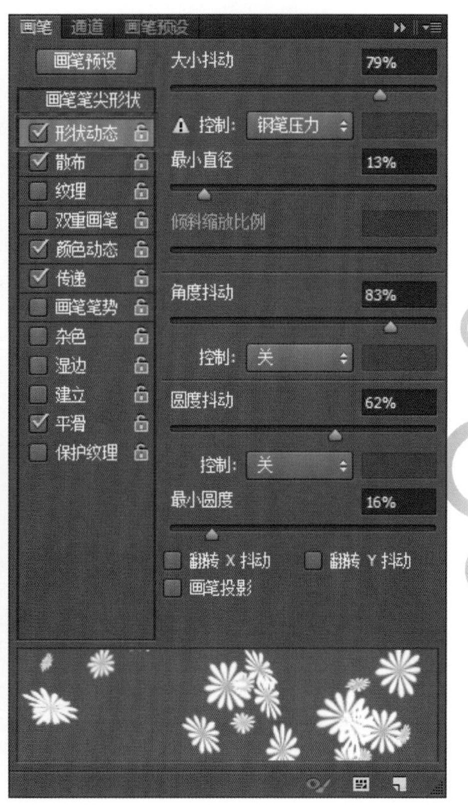

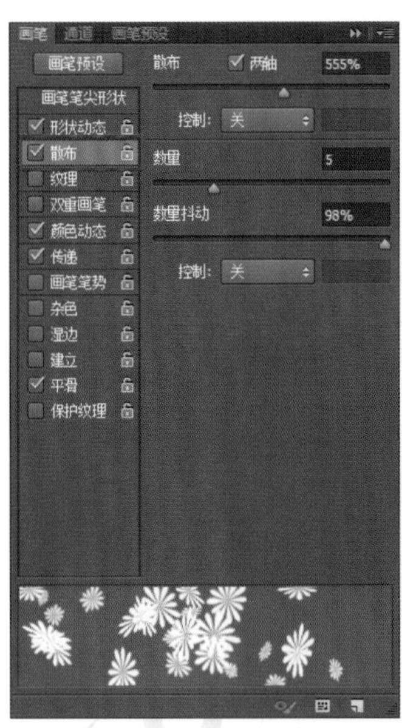

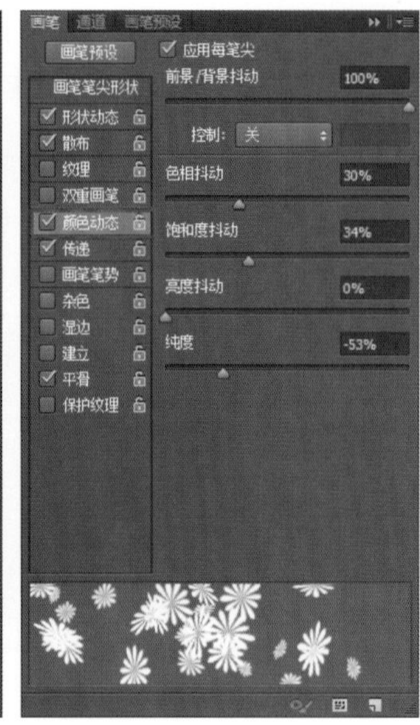

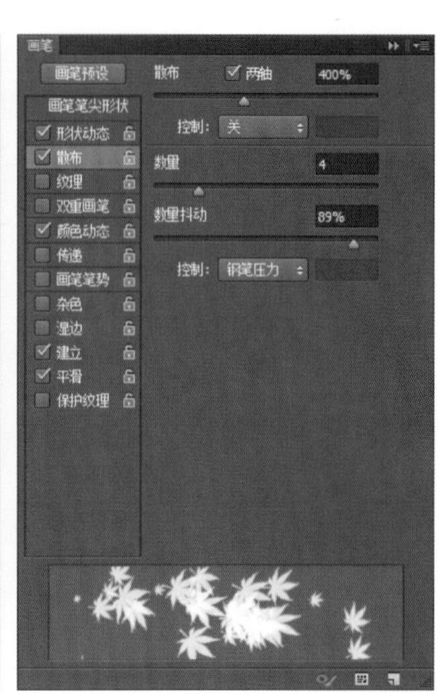

4.1.4 笔刷的安装

● 安装软件自带笔刷

方法一

单击画笔预设图标，在“画笔预设”面板中，单击右上角三角图标，在弹出的菜单中，可以看到Photoshop软件自带的多种笔刷：混合画笔、基本画笔书法画笔、湿介质画笔……选择任意一种即可载入笔刷。

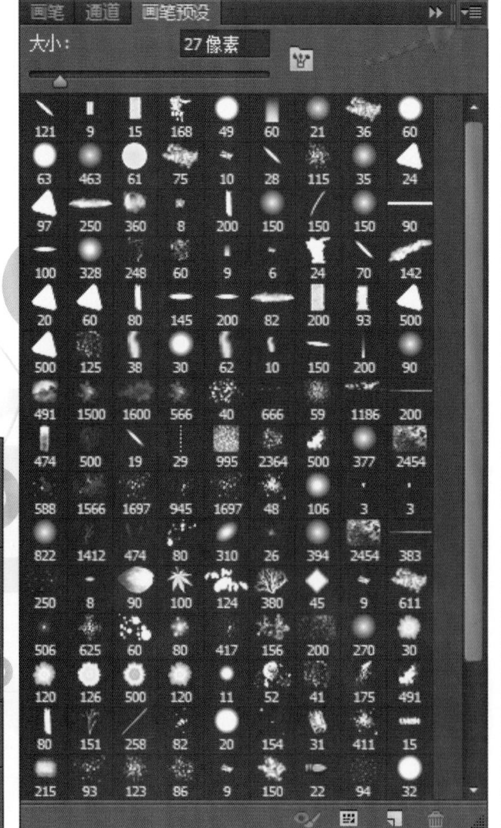

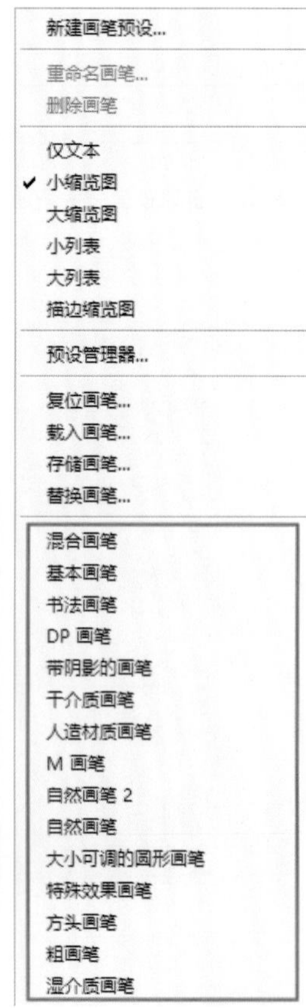

方法二

在工具栏中选择“画笔工具”，在画面中的任意位置单击鼠标右键，或绘画状态中压感笔右键功能键，会自动弹出画笔选择界面，单击右上角的小齿轮，同样会弹出上面的菜单。

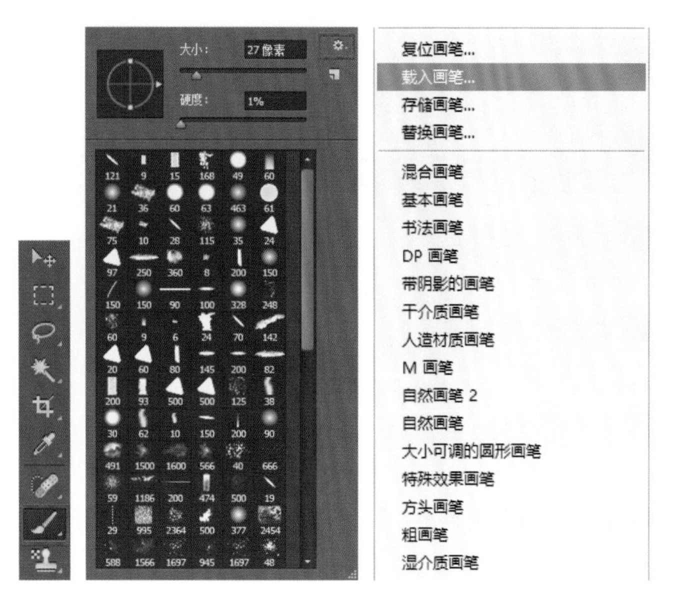

● 安装外来笔刷

Photoshop 的笔刷后缀名统一为 *.abr，如图所示，选择“载入画笔”选项，找到对应位置的 ABR 文件，单击“载入”按钮，即完成安装，安装后的笔刷会排列出现在原有笔刷的后面。

4.2 画笔工具预设——建立自己的笔刷库

庞大的各式各样的笔刷库让我们眼花缭乱，在使用中如何能快速找到一些自己喜欢和常用的笔刷，归纳整理一套属于自己的笔刷库呢？

选择“窗口 / 工具预设”命令显示工具预设图标，单击打开其面板，选择面板左下角“仅限当前工具”选项，在选中工具栏画笔工具的时候，这里就只显示与画笔相关的预设项目了。

单击面板右上角，可以看到如同笔刷面板一样，出现的菜单中同样列出了一些系统自带笔刷，以工具预设的形式载入，和画笔的使用方法效果是一样的。

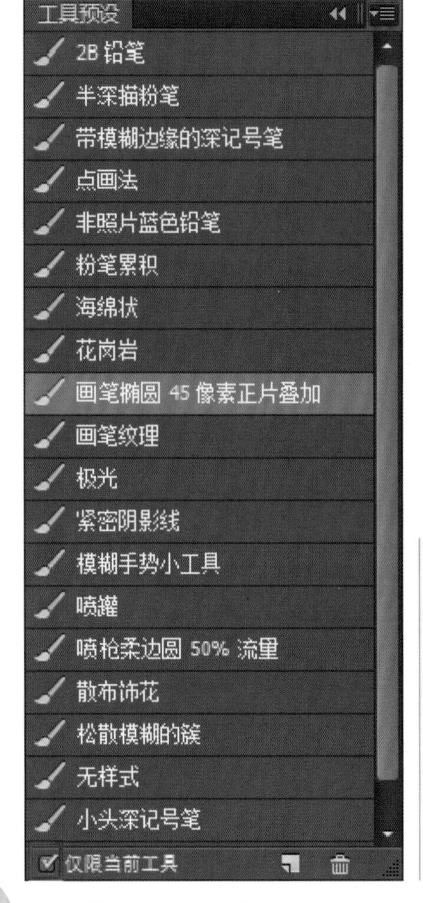

喷枪
艺术历史记录
艺术家画笔
画笔
裁切和选框
DP 预设
干介质
铅笔画笔
铅笔混合器画笔
溅泼画笔工具预设
文字

对于笔刷库中一些自己喜欢好用的笔刷，或通过调节参数自制的笔刷，我们可以在画笔使用状态中，在“工具预设”下拉菜单中选择“新建工具预设”命令，然后把画笔起个名字并保存，使用中的画笔被归纳入“工具预设”中。

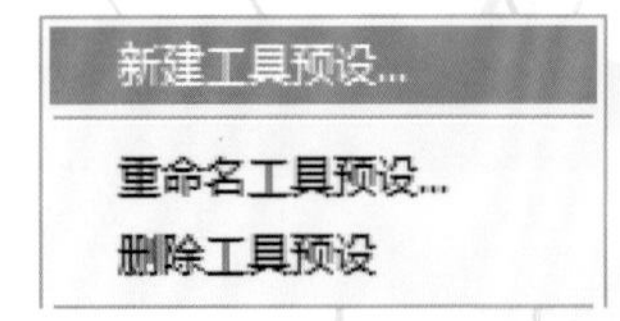

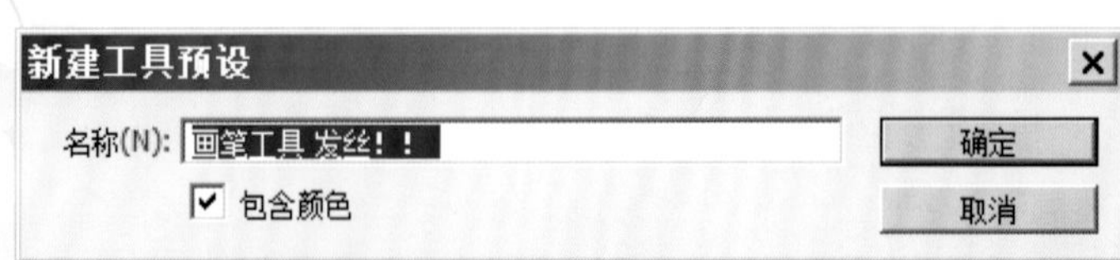

然后进行“存储工具预设”，工具预设的笔刷后缀名统一为 *.TPL。保存后的 TPL 文件就是你的笔刷库文件，换电脑或重装软件后，都可以通过载入“工具预设”来导入文件。注意要经常存储备份工具预设文件，以免新收入的喜欢的笔刷因没有保存而痛失。

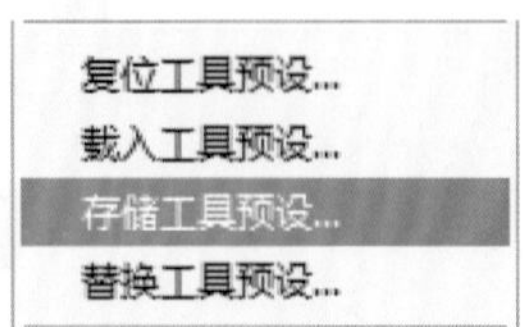

4.3 图案图章工具——自制肌理笔刷

4.3.1 载入图案

在工具栏中单击按钮，在界面上方的选项栏中会出现对应选项。

选择图案选项，再单击弹出面板右上角的小齿轮，可以看到软件自带的一些图案预设，如“艺术表面”“岩石图案”“填充纹理”……单击即可载入。

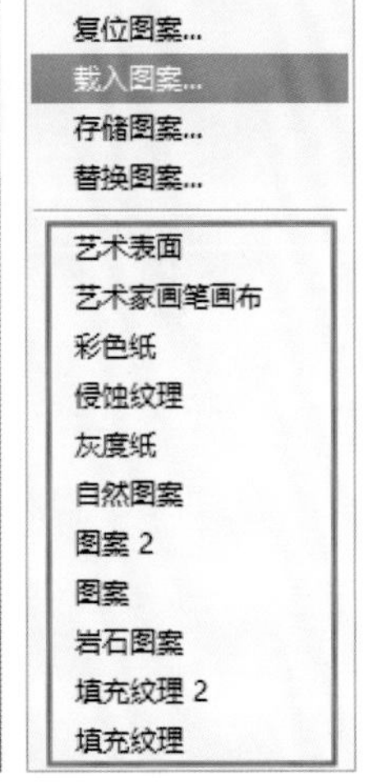

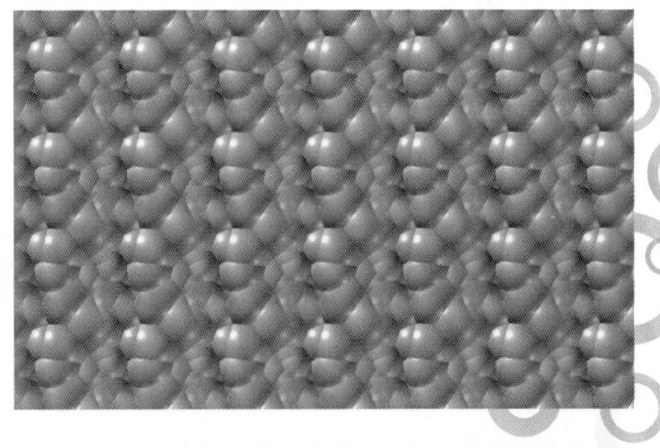

我们也可以下载一些图案库，选择“载入图案”菜单命令可以载入。

4.3.2　自制无缝图案

01 使用“裁切工具”，按 Shift 键，以正方形裁切我们需要的画面。

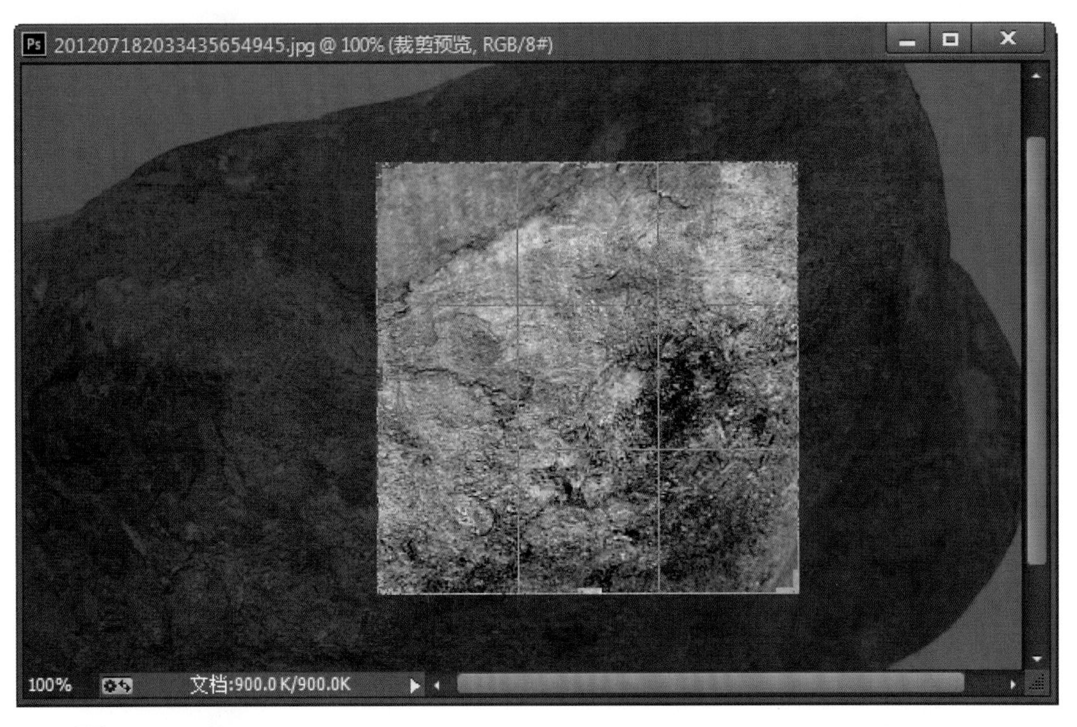

02 裁切后的图片宽、高设定为 200 像素。

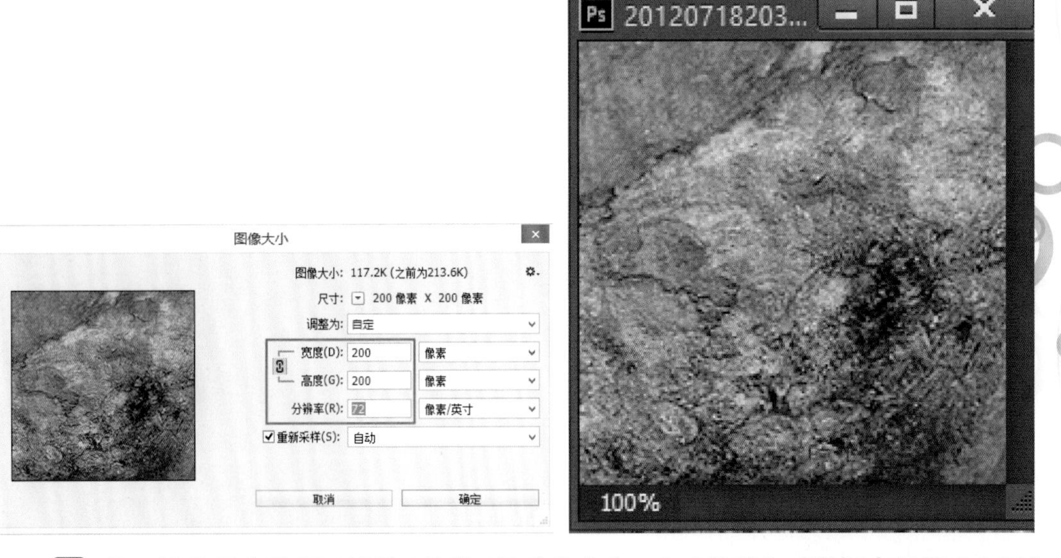

03 从下拉菜单中选择“滤镜 / 其他 / 位移”命令，在“位移”对话框中设置“水平”为 100 像素，“垂直”为 100 像素。

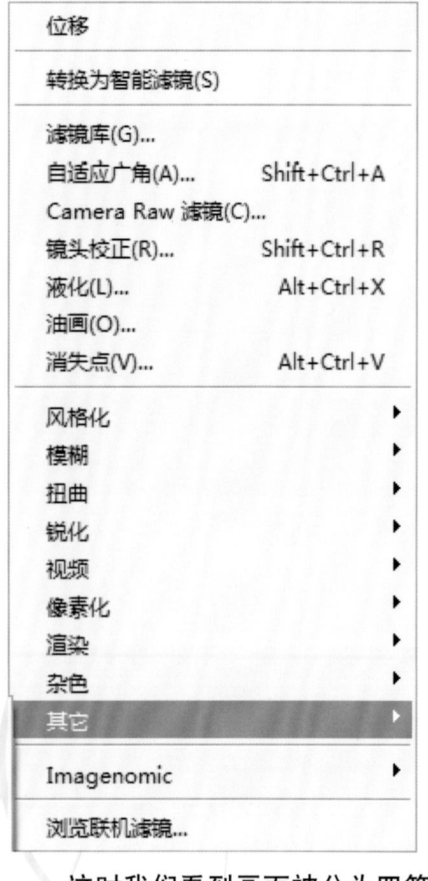

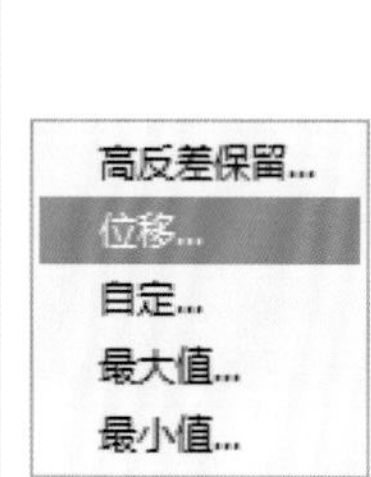

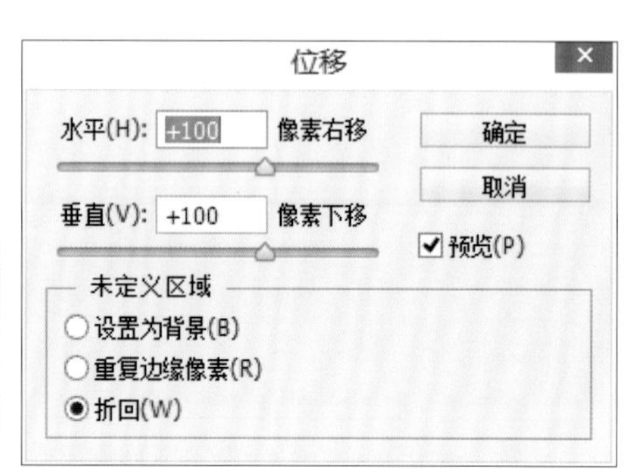

这时我们看到画面被分为四等分并错位，原来画面中间位置的图案被移至四角，周边图案被移至画面中心，画面中心形成一个十字交界线。

04 选用“仿制图章工具”，按 Alt 键复制附近图案到画面中心，抹除十字交界线。

05 按快捷键 Ctrl+A 选定全部图像内容，然后从编辑菜单中选择“定义图案”命令，给它起个名字为“stone”，将所选区域定义为图案。

06 选用“图案图章工具”，在“图案”面板中找到并选中刚才定义的图案，选用一定的笔刷形状，在画面中涂抹，即可当作一种肌理笔刷，可以看到无数个被定义的图案被复制拼接，但没有边缘接缝。

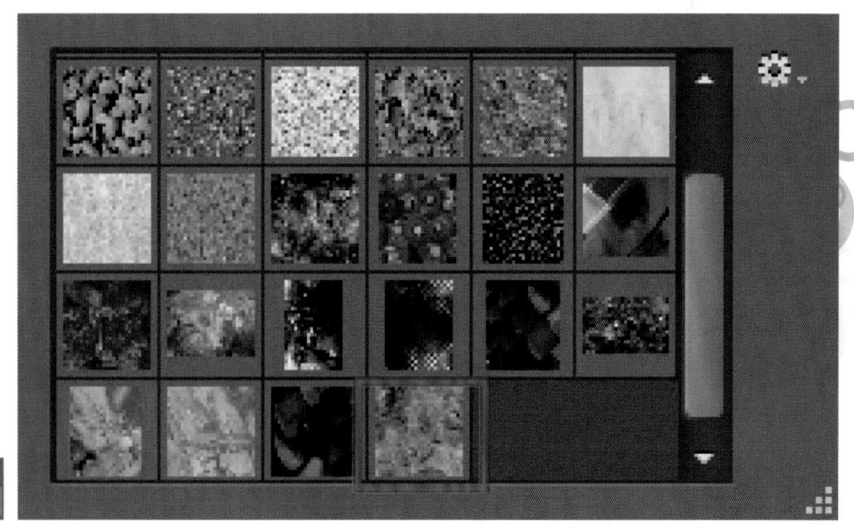

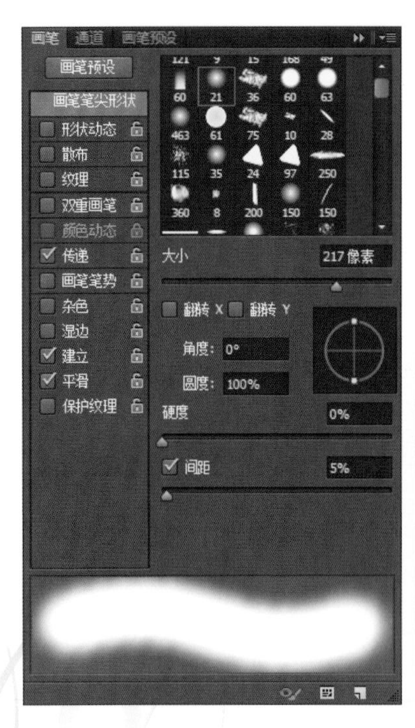

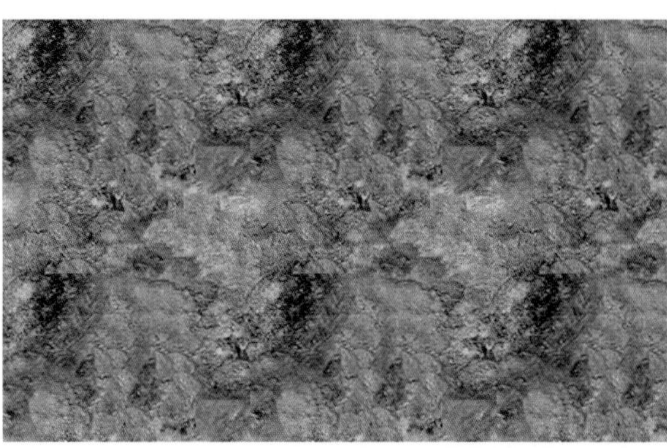

4.4 人物绘画中笔刷的应用

对于电脑绘画，表现手法是个窍门。我们没必要一笔笔画出每一丝布纹、每一个织孔，我们可以有意识地设定笔刷的随机性，运用笔刷纹理体现服装面料肌理与特性，达到事半功倍的效果。在平时的绘画中需要多尝试，多总结，多发现。在尝试中你会发现一些意想不到的效果。把这些偶然总结为一定的可寻规律，用的时候也就手到擒来了。

4.4.1 现代服饰绘画实用技巧

服装的搭配，是个多角度的搭配。首先是服装色彩与人体色彩的搭配；其次是服装款式与风格特点的搭配；最后还有面料质地特点上的组合。

人物服装体现人物性格，我们不是服装设计师，但我们能描绘生活，在平时多观察现实中人们的衣着打扮，多看服装杂志、时装节目，这些都是积累经验的途径。

服装可以体现女性人物性格特征，如下图所示。

酷清冷傲型

热情奔放购物狂型

恬静知性型

善感柔美型

冰清玉洁古典型

● 时尚女性

这样的女性注重服饰风格和色彩的搭配，发型、妆容、挂饰等无一不体现着一种时尚的品位。在确定人体结构比例时，笔者有意加长了腿的所占比例，显得人物身材修长而且骨感，这样的女孩往往都注意节食超过一切，当然有些是天生骨感型，怎么吃都不长肉，属于让人羡慕嫉妒恨的一类。

包包是女性出行的必需品，更是时尚女性服饰搭配的一个亮点。包包的大小样式要与女主人气质相符，颜色样式也要与服装打扮相一致。一个随身的小手包，颜色与马夹、长靴相呼应，而上面镶缀着闪闪亮亮的装饰物与短裙上的亮片交相辉映，这里使用点状笔刷写意来表现的。

裙子和包包上的点点装饰物可以选用一个散点状笔刷来表现，大小抖动值为100%，“控制”选项设置为“钢笔压力”；也可选用一个点状笔刷，勾选“散布”选项，以随机产生不规律的碎点。可以选择性地尝试勾选“颜色动态”“其他动态”等选项，产生颜色深浅及不透明度变化的效果。

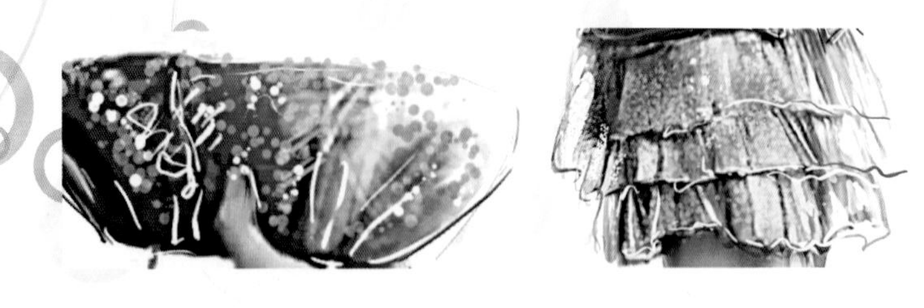

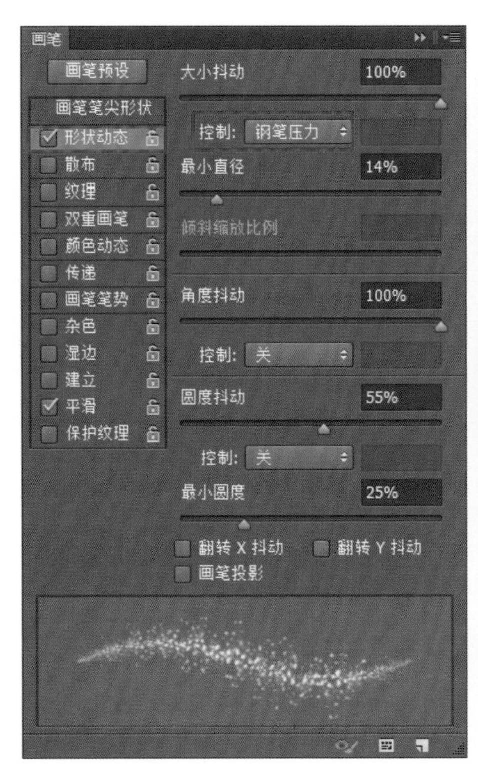

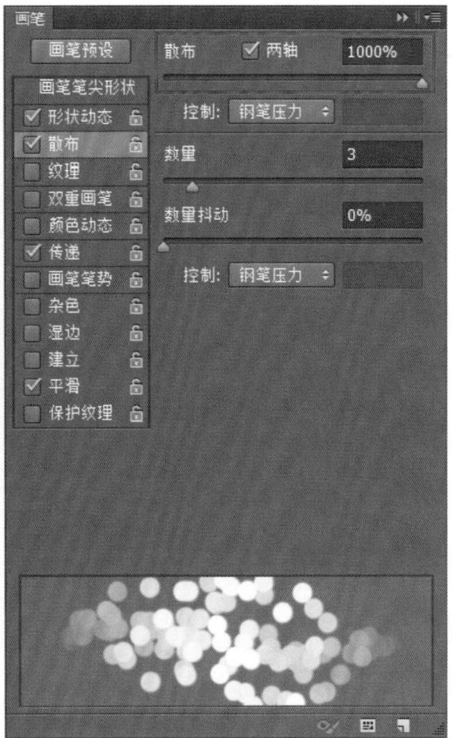

现代女性服饰中的饰品已成为不可缺少的一道点缀。没有符合时尚潮流的饰品挂件，动人效果也就减色一半。饰品要简洁适当，恰到好处。饰品过多会显得华而不实，过少会缺少亮色，有沉闷单调的感觉。对于金属饰物，我们可以选用硬边笔刷去绘制，表现其坚硬质感及金属光泽。

● 捧花女孩

下图捧花女孩明黄色的发卡和蝴蝶结，加上黑框眼镜，透着青涩纯朴的学生气息。对于蓝紫色的衣服围巾，黄色是个亮点性的补色，使人物更加活泼。

蝴蝶结上的白点图案可以使用单个圆点笔刷进行绘制，加大间距，勾选“散布”选项。

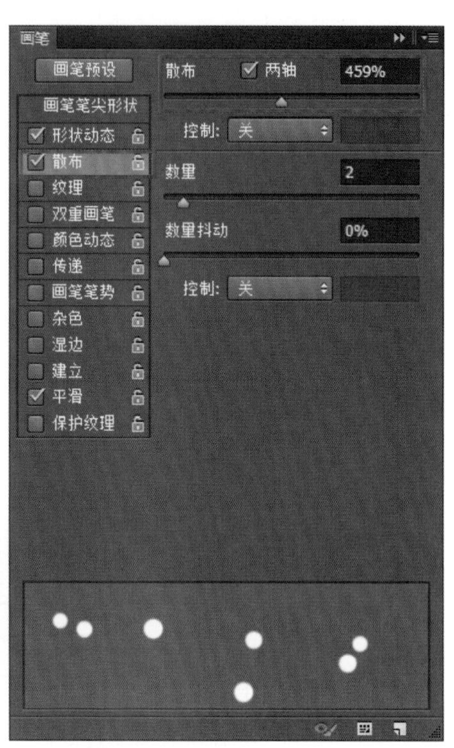

对于针织衫质感的表现，笔者采用了排线，加大间距后适当加入了角度抖动。

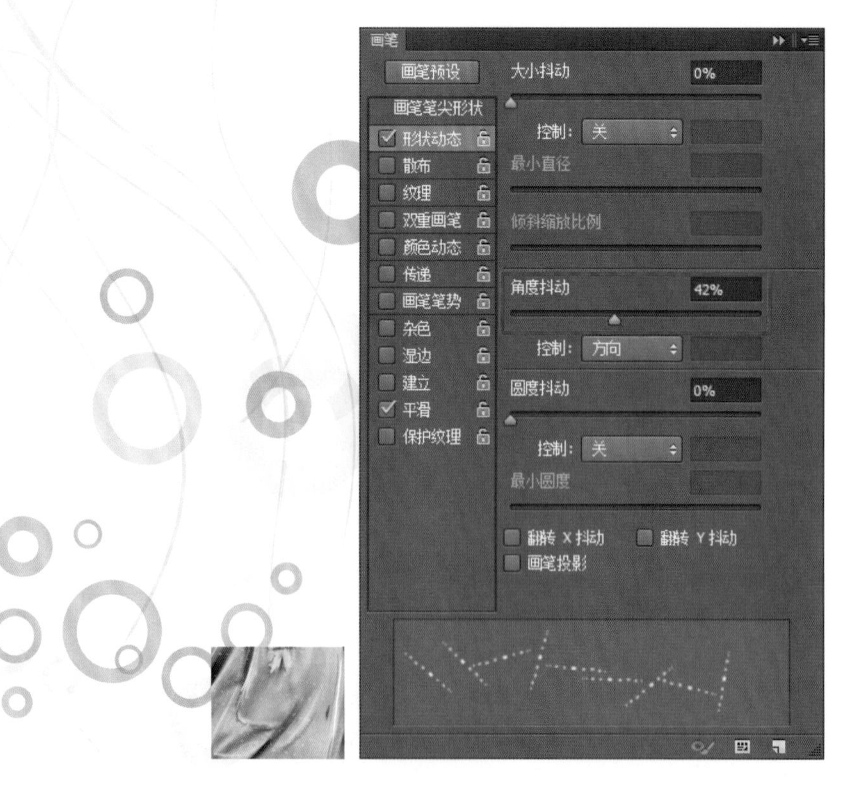

● 恋爱男女

图中为韩剧风格的一对恋爱男女，男性着装以咖啡色为主调，淡棕色的休闲长裤，深棕色的长袖 T 恤，外套长袖衬衫。

有些巴布瑞风格的条纹可以使用排线笔刷横竖交错绘制，在这里将“角度抖动”设置为 0。

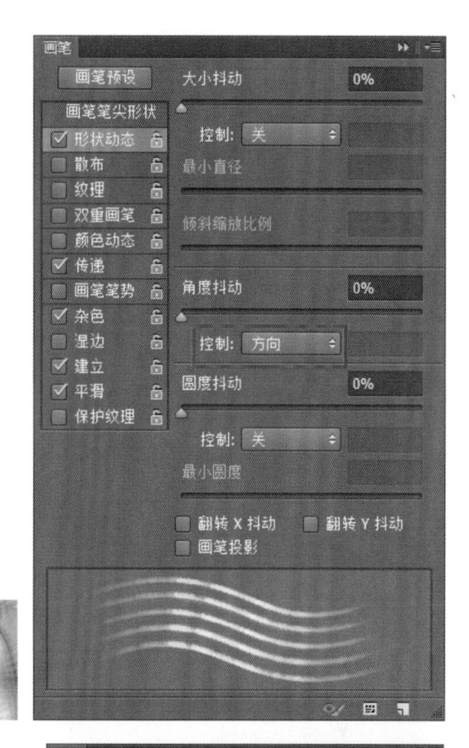

女性长袖 T 恤以浅蓝为主色调，松软的质感，纯净毫无花巧的装饰，蓝白的色调，散发出娴静的气质。我们可以选择一个比较写意的花纹笔刷，同样勾选“散布”选项，适当调整对应参数以达到最佳效果。

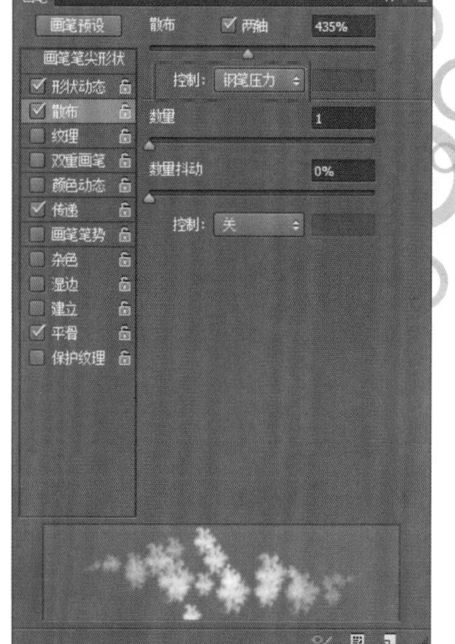

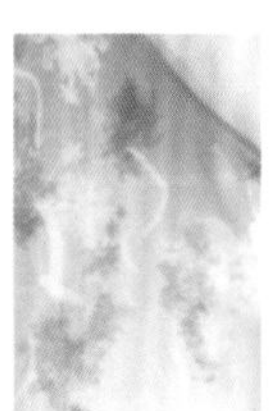

● 居家公主

图中所示为一位清纯可爱的居家小女，淡紫透明的衣衫，透着轻松随意。

选择一个花纹图案笔刷，将“大小抖动”设置为98%，在衣袖边缘处绘制蕾丝。

画笔
画笔预设
画笔笔尖形状
形状动态
散布
纹理
双重画笔
颜色动态
传递
画笔笔势
杂色
湿边
建立
平滑
保护纹理
大小抖动 98%
控制: 钢笔压力
最小直径 48%
倾斜缩放比例
角度抖动 0%
控制: 钢笔压力
圆度抖动 0%
控制: 关
最小圆度
翻转 X 抖动 翻转 Y 抖动
画笔投影

人物简单的衣着并没有复杂烦琐的饰物，可以点缀两个毛毛球，选择相应的笔刷表现绒绒的质感，加大间距，调整好笔刷大小，一笔即可点出一个球来。

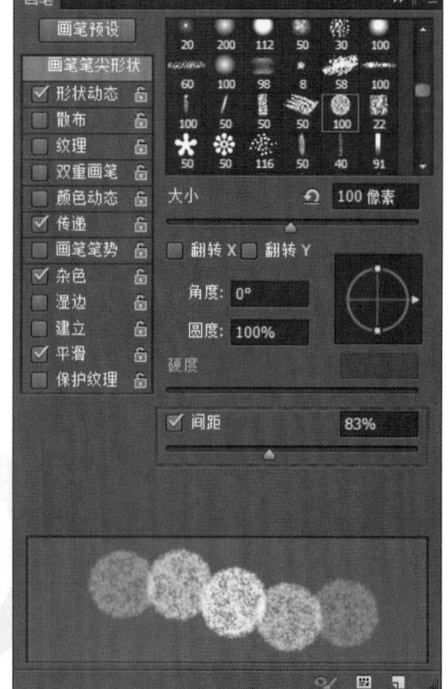

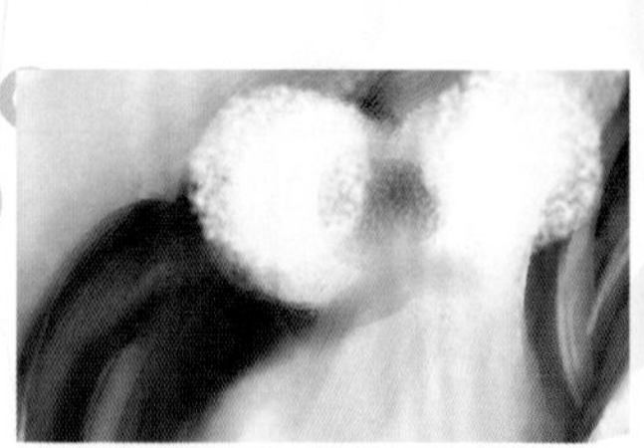

● 白纱女孩

一位穿有白色婚纱的新娘，洁白的婚纱透着淡淡的蓝色，伞下轻斜的俏脸，透着娇美与俏皮。

使用枫叶图案笔刷以“散布”的方式表现伞的图案与透明感，在“形状动态”中适当加大“大小抖动”与“角度抖动”参数的值，“角度抖动”的“控制”选项设置为“关”。

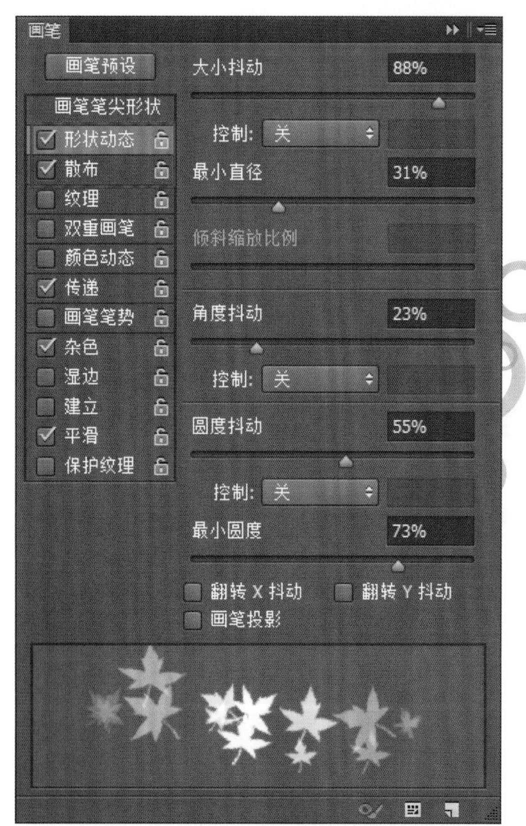

用车辙笔刷来表现婚纱的质感，在“形状动态”中将各抖动值均设置为 0，“角度抖动”的“控制”选项设置为“方向”。

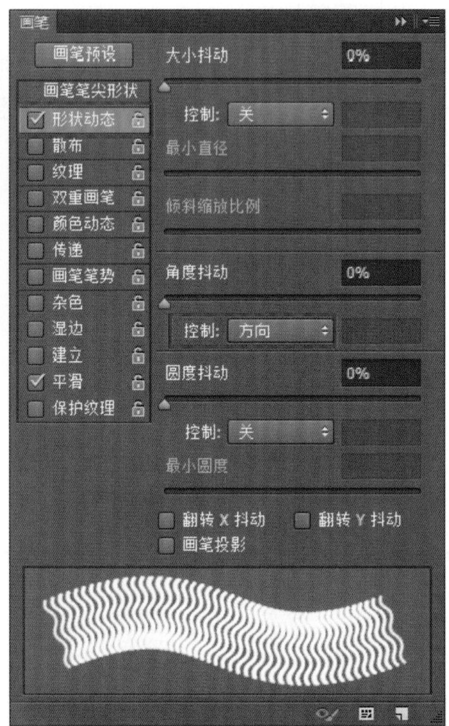

选用单个圆点画笔，加大间距，调大“大小抖动”数值，将“控制”设置为“钢笔压力”，给予“最小直径”一个小点的数值，适当绘出泼溅白点，活跃气氛。

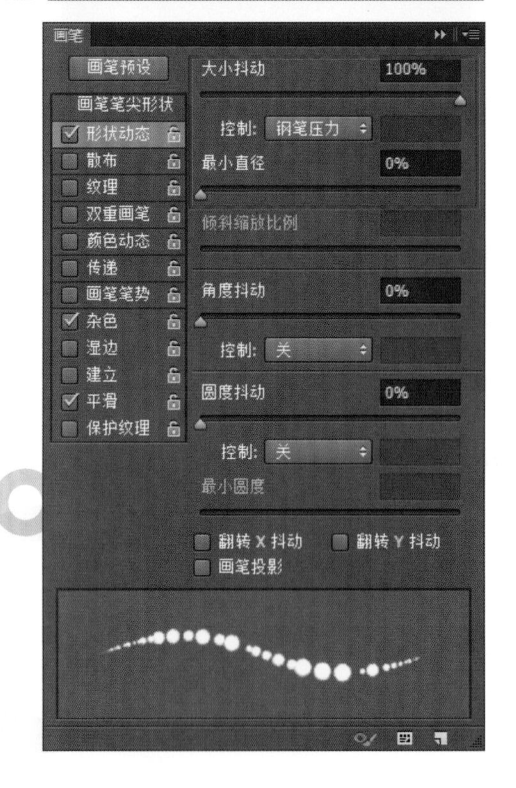

● 丝袜女孩

丝袜是女性的第二层皮肤，也是每个女性必备的单品，无论年轻女孩的彩色丝袜，还是成熟女性的性感丝袜，在每个女孩的衣橱里都可以找到她的身影。

短裤配丝袜，显得腿部十分修长而性感。腿部的一些细小瑕疵和缺憾可以被丝袜盖住，另外丝袜的柔顺、光滑质感可增加腿的美感。在绘制丝袜的时候，需要注意丝袜是紧贴腿型，有一定的皮肤色彩通透性，光滑柔顺。

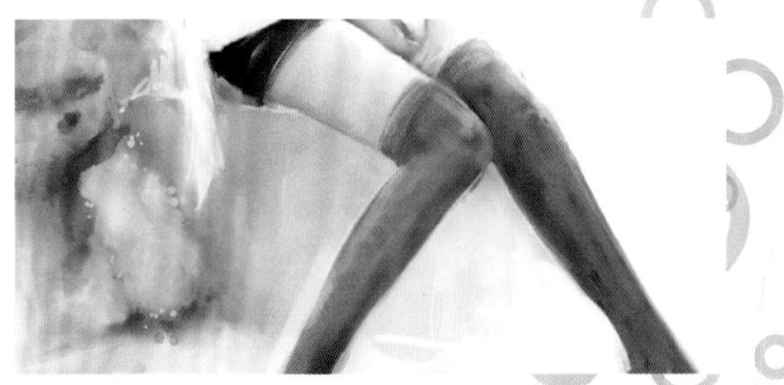

丝袜边缘选用一个涩涩的笔刷，加大间距，表现针织质感。

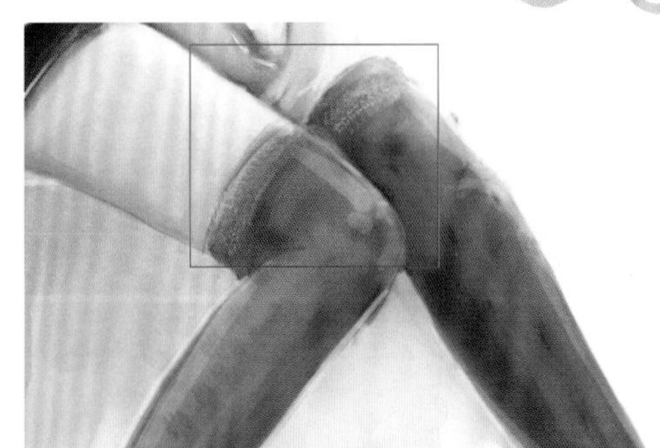

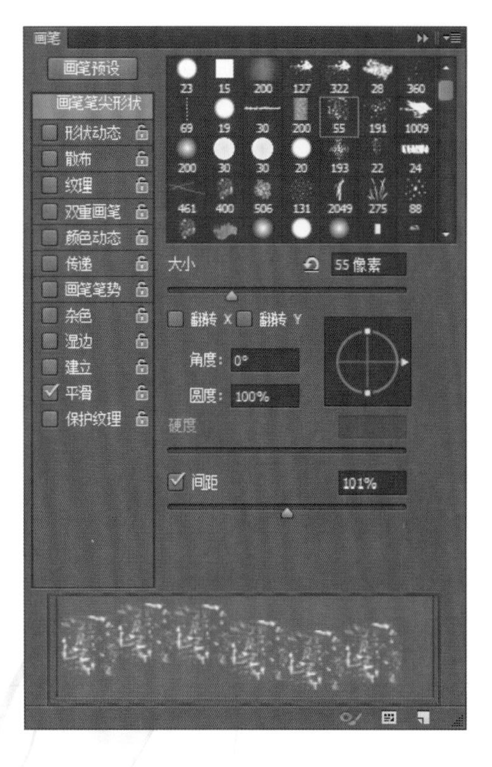

袜体可适当使用“动感模糊”命令进行处理，使其产生丝滑效果，模糊角度与腿的走势相一致。

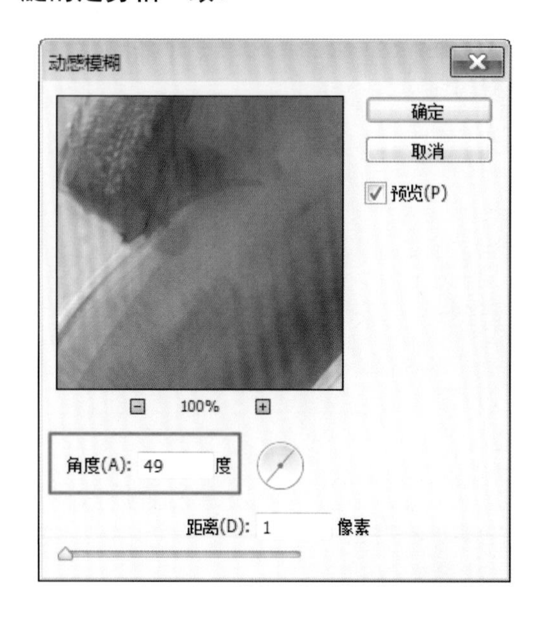

● 巧克力美眉

齐眉的帽子，简单大方而时尚；栗色的长发，与巧克力色、沙发色相应成趣，浑然一体。帽子边缘可以选用一个涩涩的笔刷进行绘制，加大间距，表现针织质感。

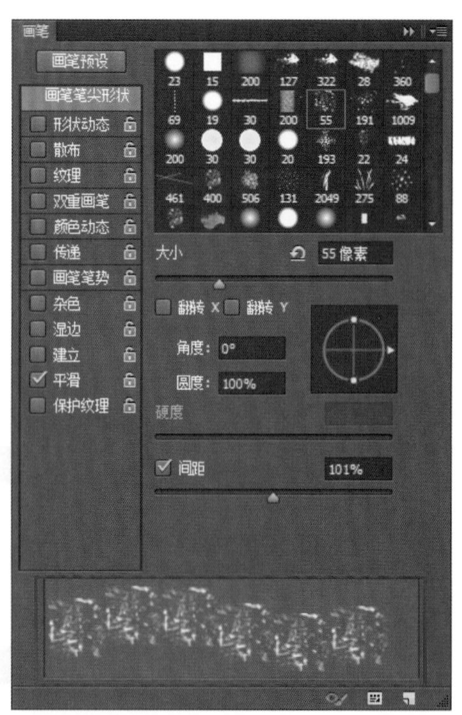

衣服上可以点缀些淡淡的花纹，选择一个比较理想的花纹图案笔刷，同样勾选“散布”选项来实现。

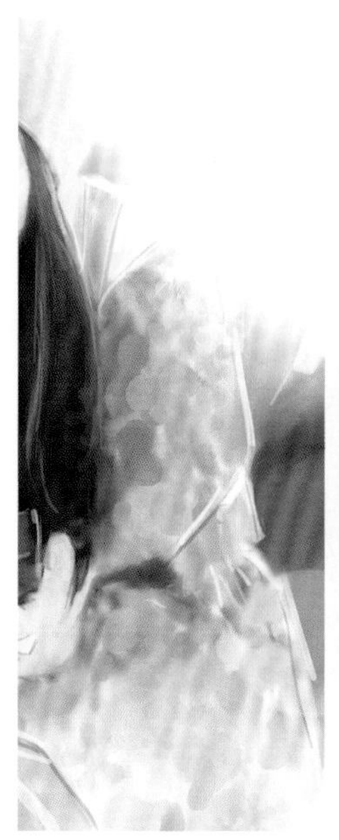

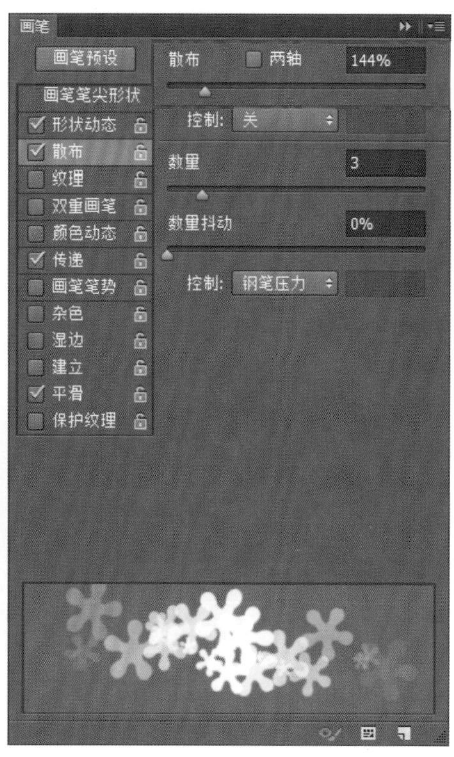

● 待嫁新娘

图中的新娘低垂着双眼，带着含羞的微笑，怀着对幸福婚姻的美好憧憬，等待白马王子牵手。

白纱的褶皱网纹，可以选一种细枝杈的笔刷，勾选“散布”选项。

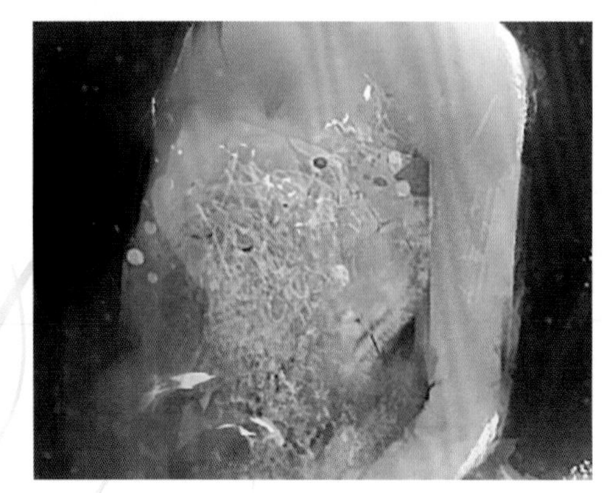

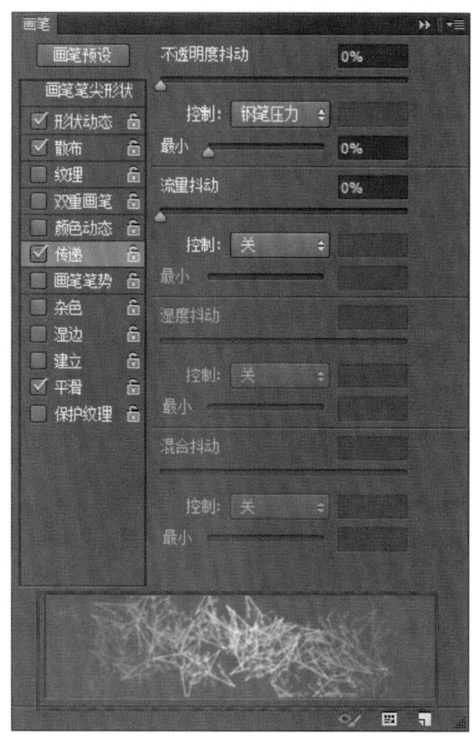

● 冬季女生

在这里我们需要表现的是人物衣服毛状织物的感觉，在现有基本笔刷的基础上，我们可以组合性地根据需要再造更适用的笔刷来体现更多质感。在“画笔笔尖形状”中选定基本的单个圆点笔刷，加大间距，以显现点状，而非紧密地连成线状。

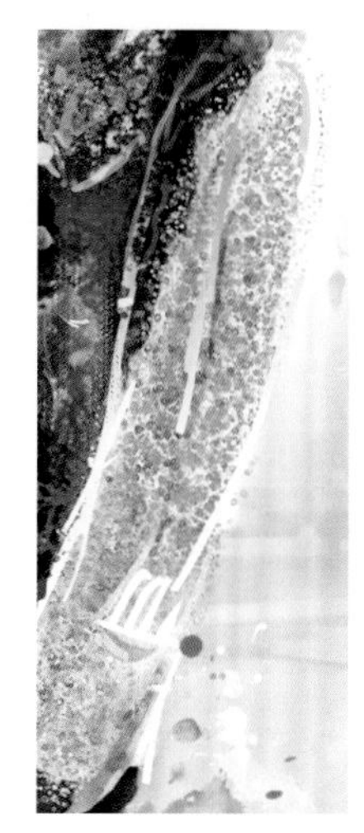

勾选“形状动态”选项，设定“大小抖动”为 65%，“最小直径”为 15%，产生点大小的变化。

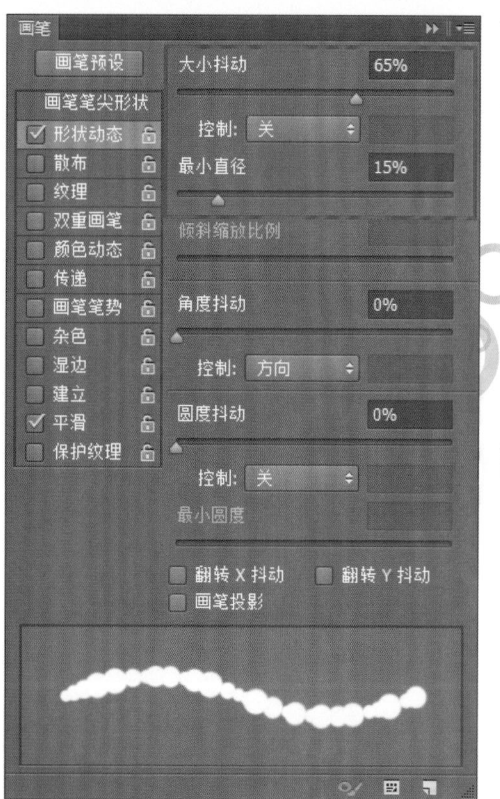

勾选“散布”选项，并适当调节参数，使其产生随机泼散效果。

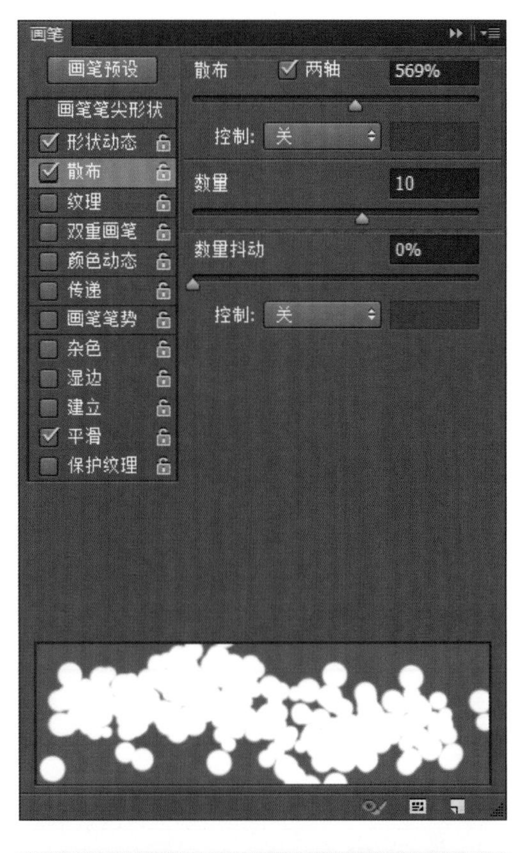

勾选“纹理”选项，选择图中所示的纹理图案，适当调整“缩放”值。

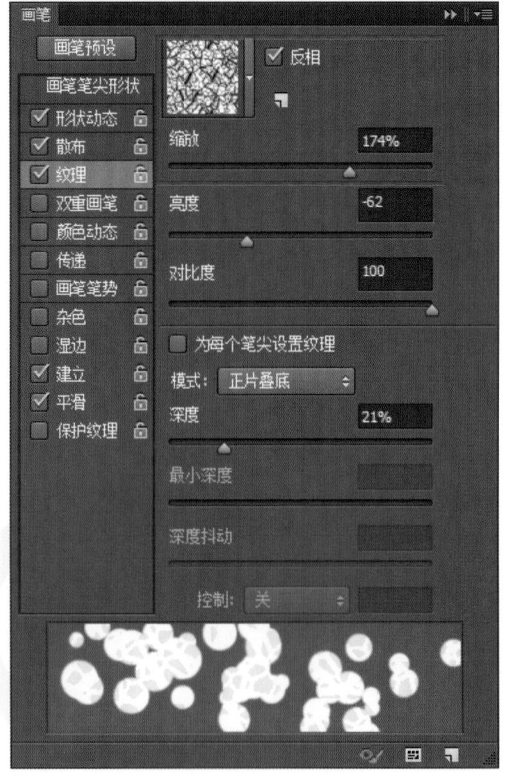

勾选“传递”选项，在“流量抖动”中的“控制”栏选择“钢笔压力”选项，这样根据下笔轻重会产生深浅浓度的变化。

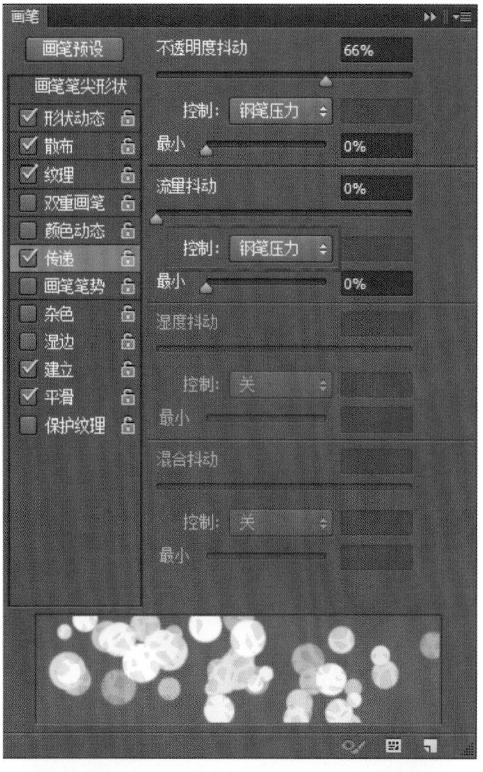

同理，在选定一个基本形状笔刷后，可勾选“纹理”选项，叠加适合的肌理图案，来实现毛衣的针织感。

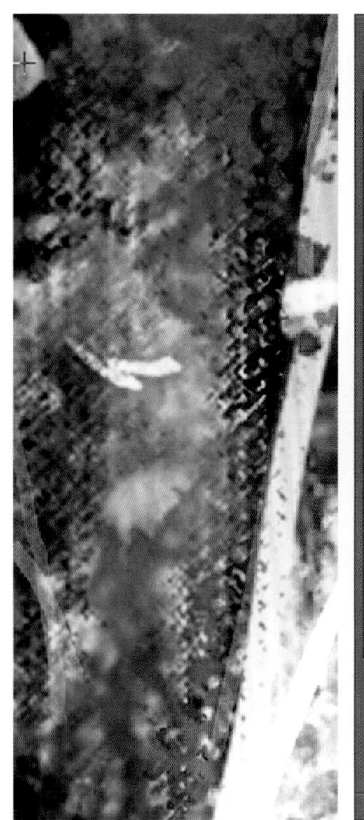

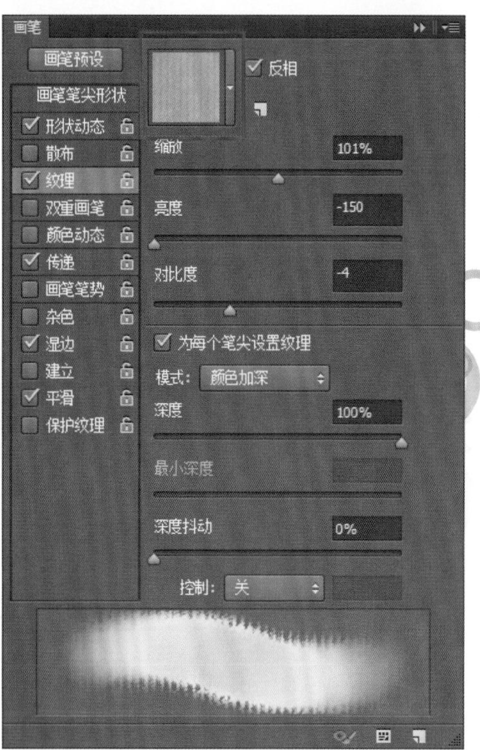

4.4.2 古装服饰绘制技巧

很多人喜欢欣赏古装仕女图，有别于现代女性的日渐中性，古装美人更极致地体现了东方审美中女性的温婉妩媚。而把这种古典美表现到位，同样需要我们多观察。我们没有生活在古代，周围没有现场现形，这就需要我们去从影视剧中汲取，从资料中考证了。

图为笔者所绘制的古装人物，可以看到古装上往往会有一些工艺性图案花纹，在平时的工作中可以多搜集整理相应的素材，合理适当地运用贴图是商业 CG 中需要掌握的一门技巧。

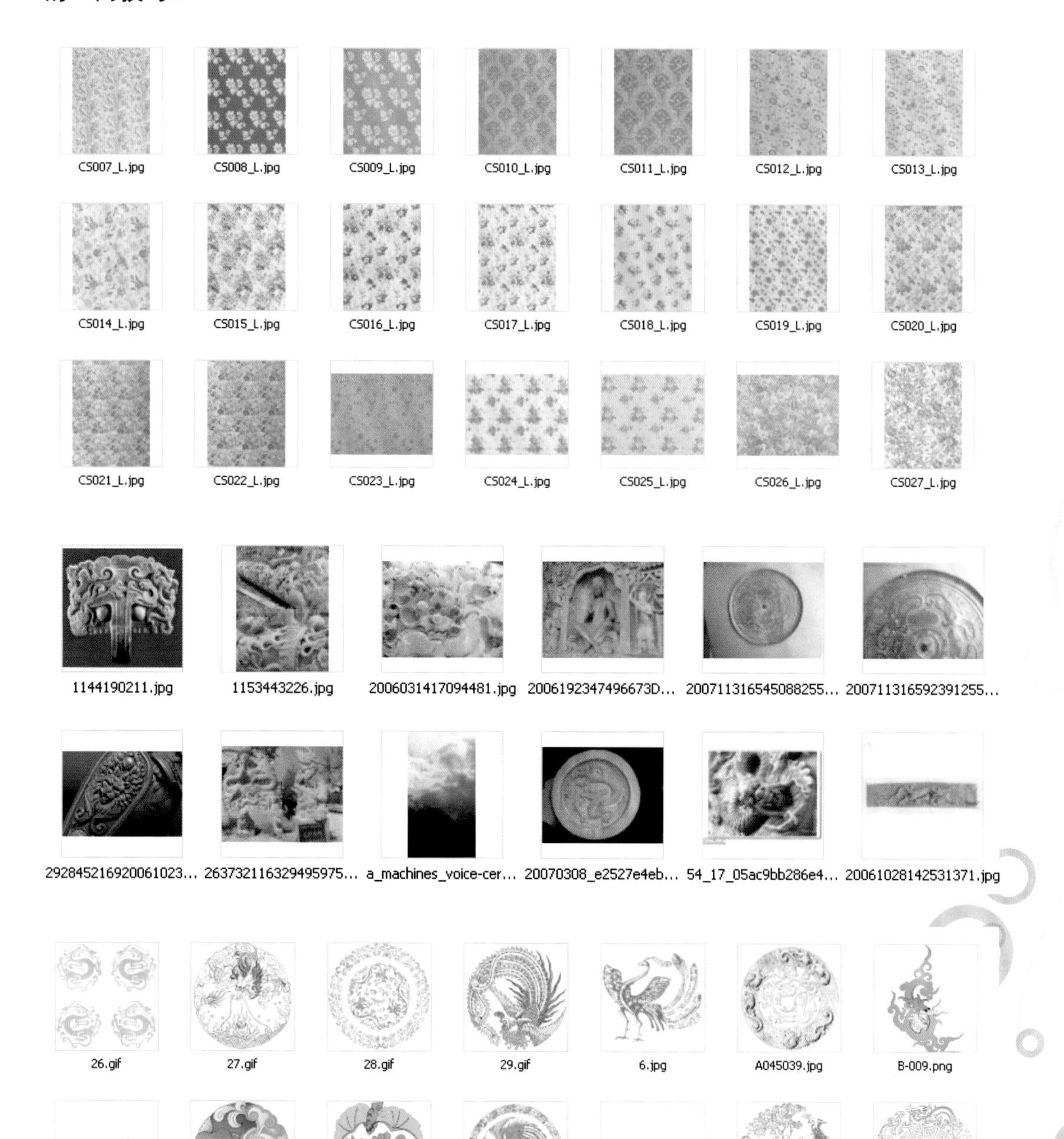

图中腰间这块图案，就是在我们画好基本衣型褶皱后叠加纹理实现的。

在制作的时候需要先找到一张适合的纹理贴图并在 Photoshop 中打开。

将纹理贴图拖曳至要叠加的画面中，拖入时系统会生成一个新图层，将图层混合模式设置为“正片叠底”。

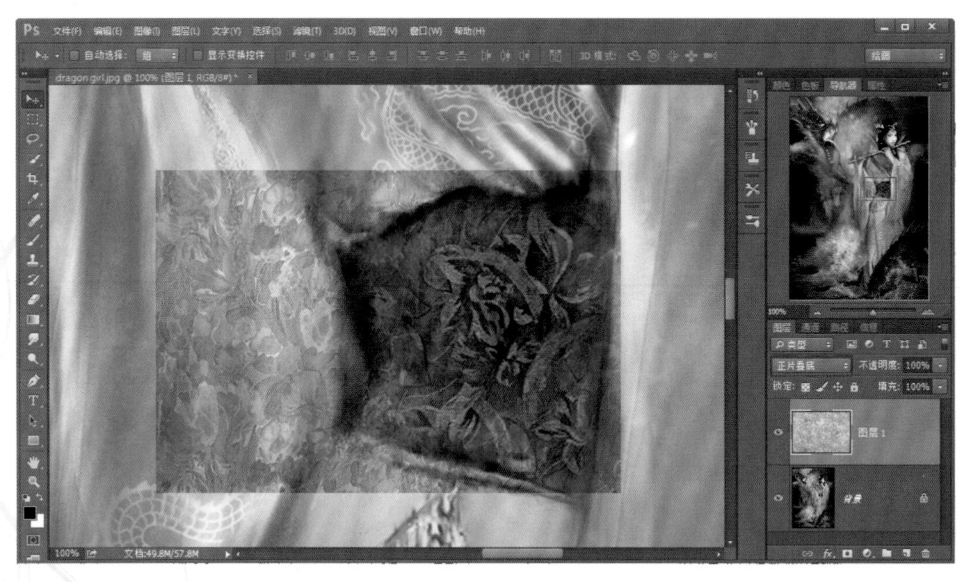

对此图层添加蒙版，去除不必要的部分，这样在保留了衣服原有的色彩褶皱的基础上增添了图案。

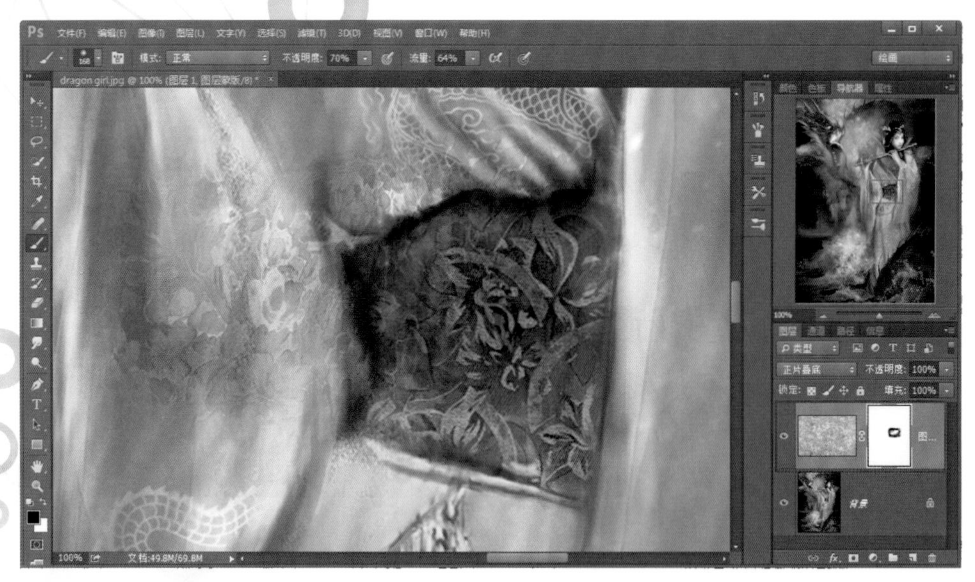

我们可以搜集一些现成的古纹图案笔刷，来丰富衣服图纹细节。

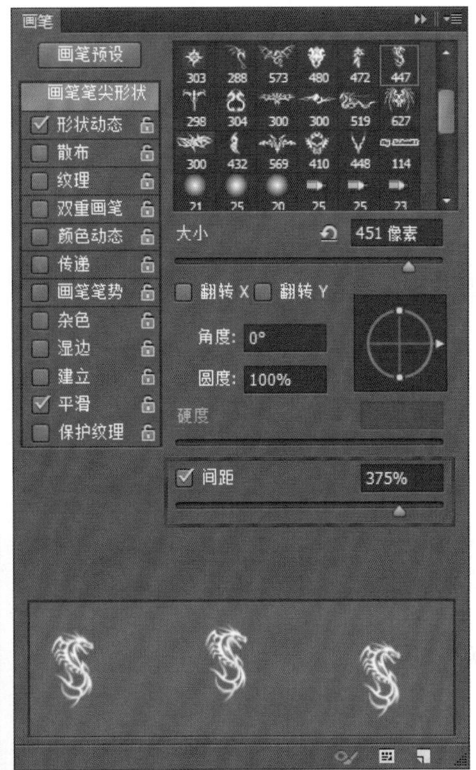

在使用时调大足够间距，以形成独立的图案，而非连成一线。

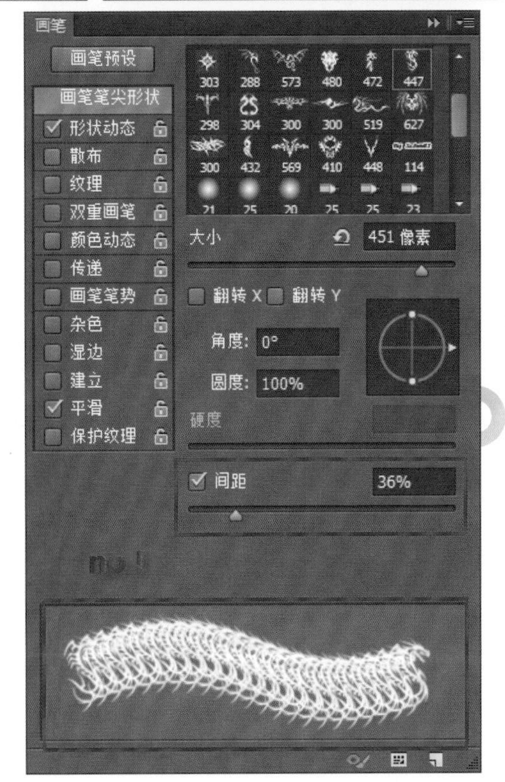

创建一个新的图层，将笔头调至足够大，落下一笔即抬起，在此图中选用白色为前景色，设置图层模式为“柔光”。

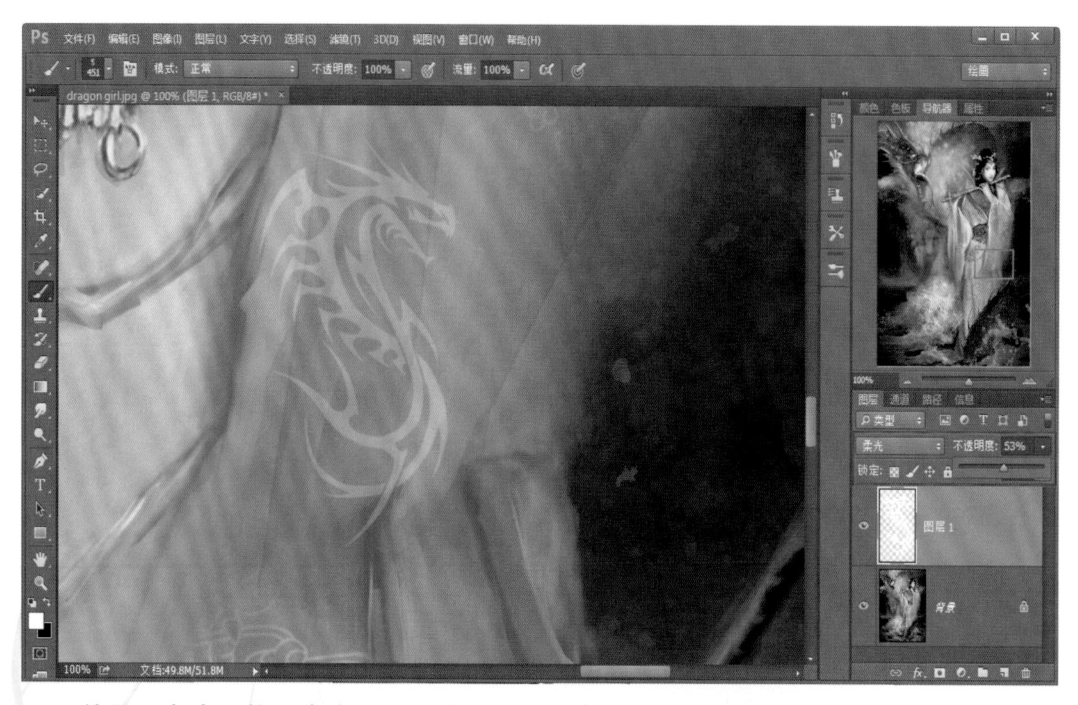

使用“自由变换”命令对图案进行变形调整，以适应衣服的走势。

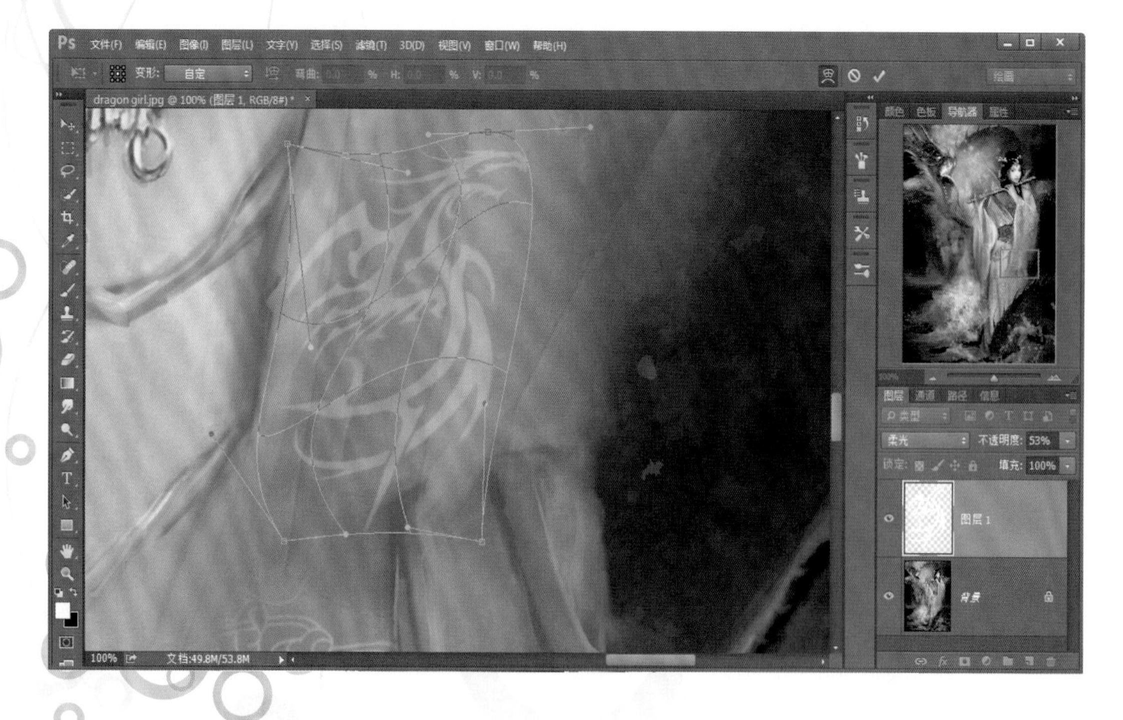

古装美人服装多是丝绸或纱，柔软飘逸。纱一定要有透明感，薄薄的感觉，风吹即飘。

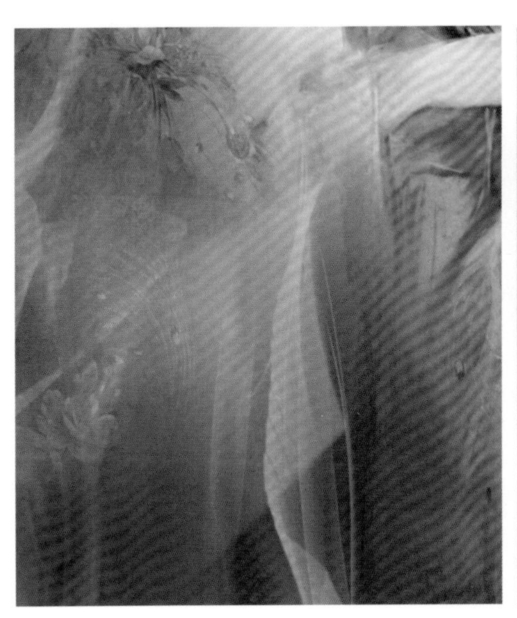

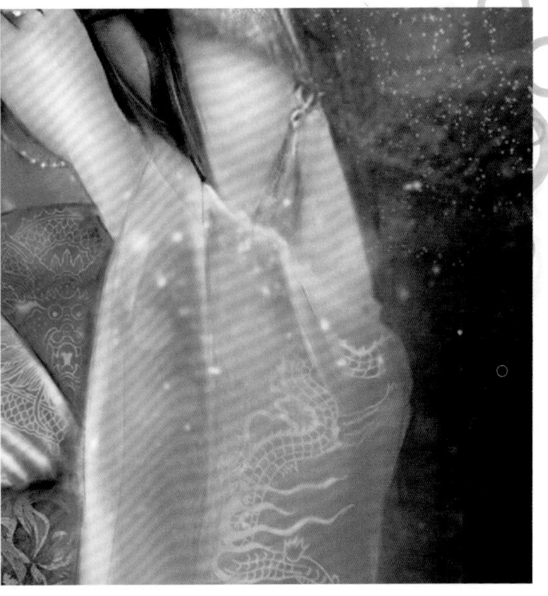

我们可以使用“喷枪柔边圆形”自带笔刷，降低不透明度和流量来绘制纱材质的衣服。

厚的绸给人一种滑滑的感觉，要有光泽度，可以通过提亮高光来实现，有些类似金属反光度的表现。

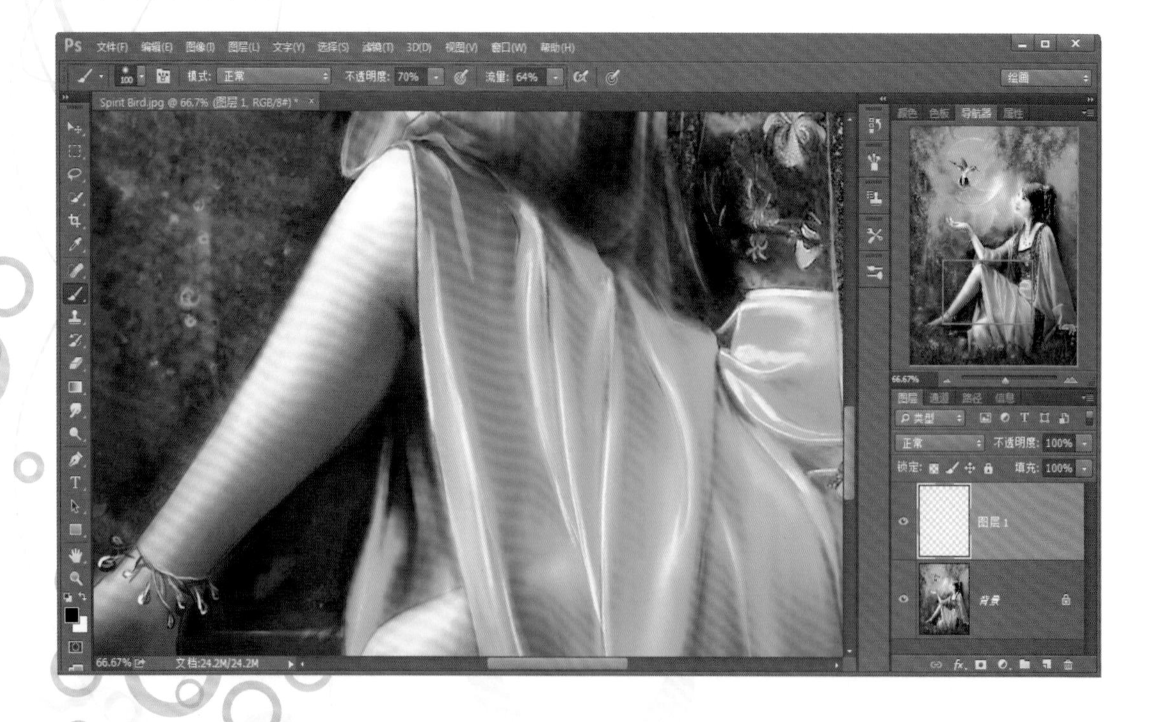

古代人物的发饰多为金属或贝类（珍珠、贝壳），具有一定的硬度。金属的反光度较贝类高，对比度强。平时可以多看些古装片剧照、定装，同时在绘制的时候可以发挥自己的想象力。

画成串的珍珠，可以使用单个圆点笔刷调整间距来快速实现。

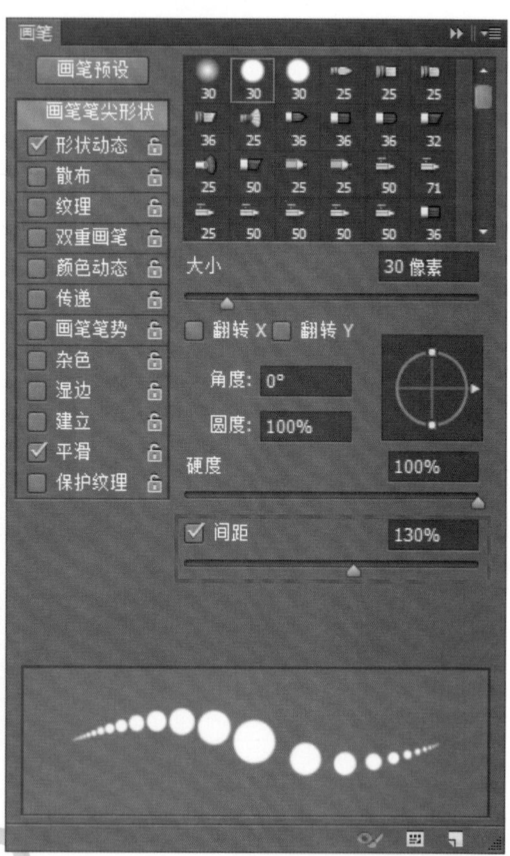

4.5 场景速涂中笔刷的实用技巧

对于场景，由于很多元素距离的原图，只有大概的型和总体的样貌，同时我们不可能也没必要对诸如森林的每片树叶、大山的每块石头、海洋的每滴水进行描绘。

总结并运用一些笔刷快速写意地表现事物特征，能达到事半功倍的效果，更能体现出一种高度的概括性，同时也使画面丰富而不单薄。

以下是在不同场景中所使用的对应的笔刷。

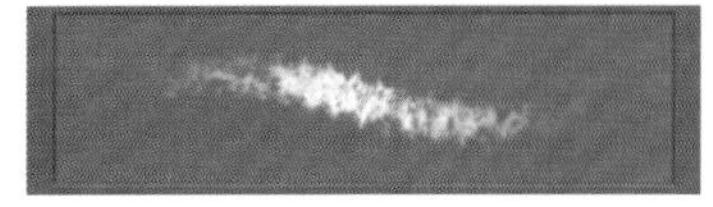
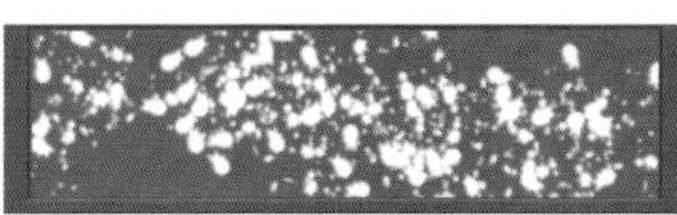
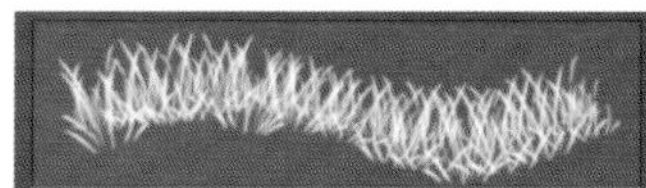

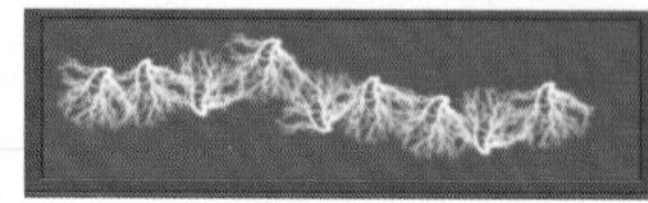

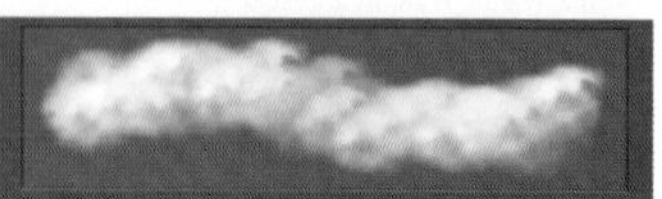

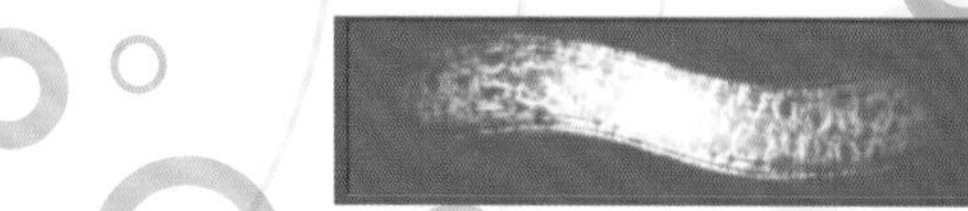

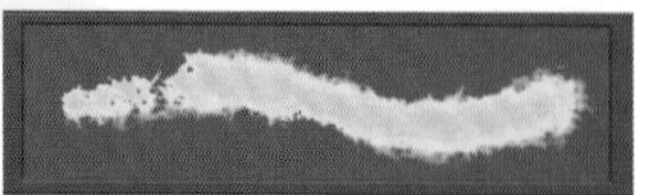

第5章 Easy Paint Tool SAI 使用技巧

Easy Paint Tool SAI 是时下比较流行的一个绘画软件，占用空间小，对电脑配置要求低，操作简便。而其最大优势是线条的防抖功能，即便是手绘基础很差的同学也能画出流畅的线条，非常适合漫画爱好者画线稿使用，据说日本的很多漫画插画大师都使用 SAI 这个软件。

5.1 软件界面简介

对于熟悉 Photoshop 的朋友，SAI 的界面也就不会太陌生了，选色板、工具栏、导航器、“图层”面板……其实与 Photoshop 很相近。

Easy Paint Tool SAI

Cracked by SFL Violator　http://bysfl.cn

在“窗口”菜单中，我们可以打开或关闭界面中的项目显示，同时可以根据个人喜好排列工具面板在画面的左侧或右侧。

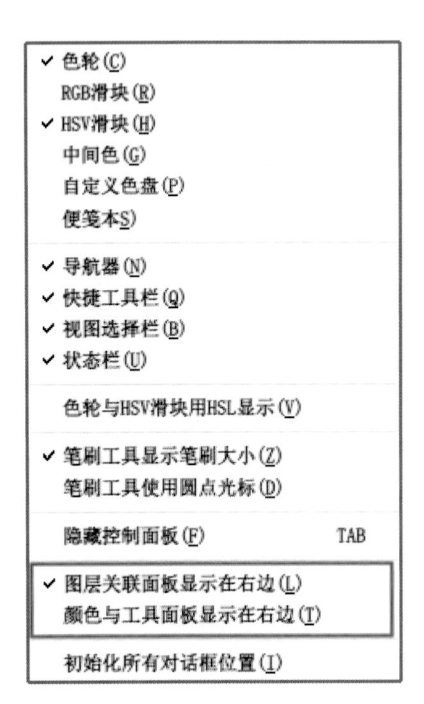

SAI 有多种色板模式可以选择，很多朋友喜欢绘画中用 Painter 里那样的色相环吸色，也可以像 Photoshop 一样使用 HSV 滑块。

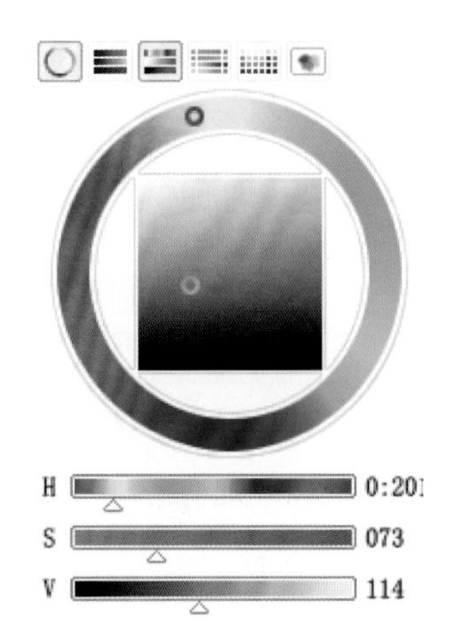

工具栏里和 Photoshop 一样，有勾选、移动、缩放、吸色、移动等工具，而这些工具同样可以设置或使用默认快捷键。绘画过程中，我们往往通过一边握压感笔绘画，一边用另一只手按组合快捷键，从而达到高效和不打断创作思路的目的。

5.2 实用笔刷介绍

SAI 提供了一些图标名称的基本笔刷，如“铅笔”“喷枪”“马克笔”等。在每个笔刷选定状态下，又可以选择变量和调整参数衍生很多变量笔刷。

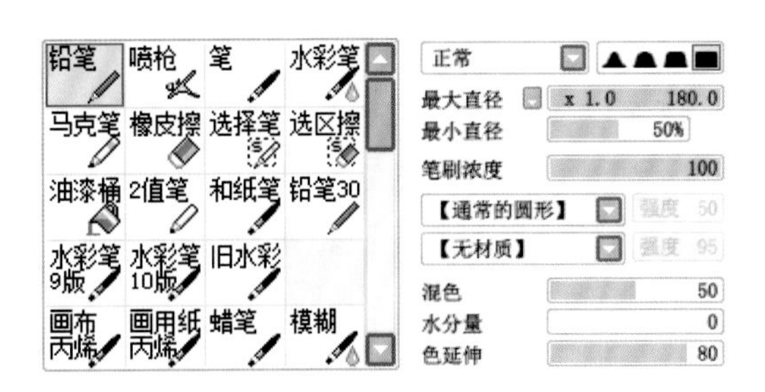

5.2.1 常用笔刷

最常用的几种笔刷：铅笔、笔、马克笔、模糊。

铅笔 用于画线稿，特点是精准硬朗，线条流畅，也可用于勾边，提亮高光和细节刻画。

抖动修正 6 防抖，画线废柴们的福音！再也不用担心画线手抖了。

基本笔，混色效果好，用于大笔触起稿或上色。

较好的混色，而非生硬的颜色过渡，具有混油的感觉，硬边。

水感混色，尤其用在女性人物皮肤的柔化过渡，非常好用。它的特点是细腻柔滑，配合马克笔产生水彩效果。

5.2.2 笔刷变量

同一笔刷下，不同的变量，产生不同的笔刷效果和纹路，从而形成不同的个人绘画风格。

正常
最大直径 x 1.0 46.0
最小直径 50%
笔刷浓度 50
【通常的圆形】 强度 50
【无材质】 强度 95
详细设置

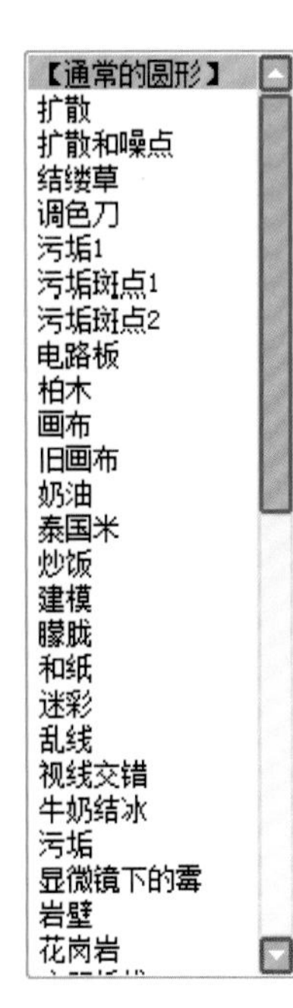

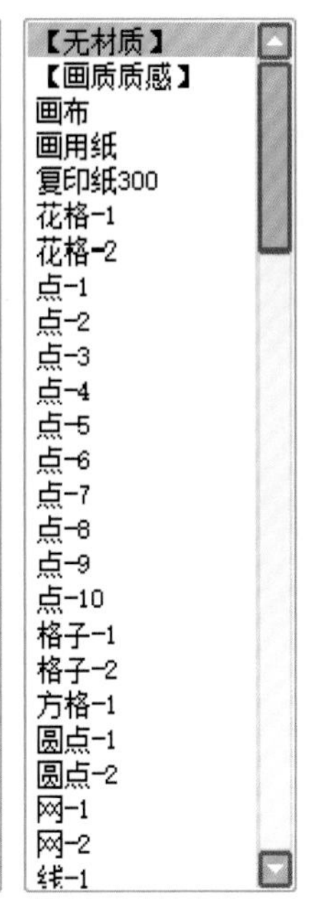

提示

可以尝试不同的笔刷变量带来的变化和效果，但初学者尽量使用常用默认笔刷，以免造成混乱。

在【无材质】状态下，单击【通常的圆形】右侧的三角图标，在出现的下拉列表中，有“扩散”“扩散和噪点”等变量选项，同种笔不同变量下的效果如图所示，相当于又衍生出一些新形式和特色的画笔。

在【通常的圆形】状态下，单击【无材质】右侧的三角图标，在出现的下拉列表中，不同材质画质质感下同一种笔下的效果如图所示，我们可以用来对背景或画面中某一区域铺设纹理。

5.3 画纸质感

画纸质感模拟了一些传统纸张或不同载体的纹路，使画面呈现出不同的质感效果。

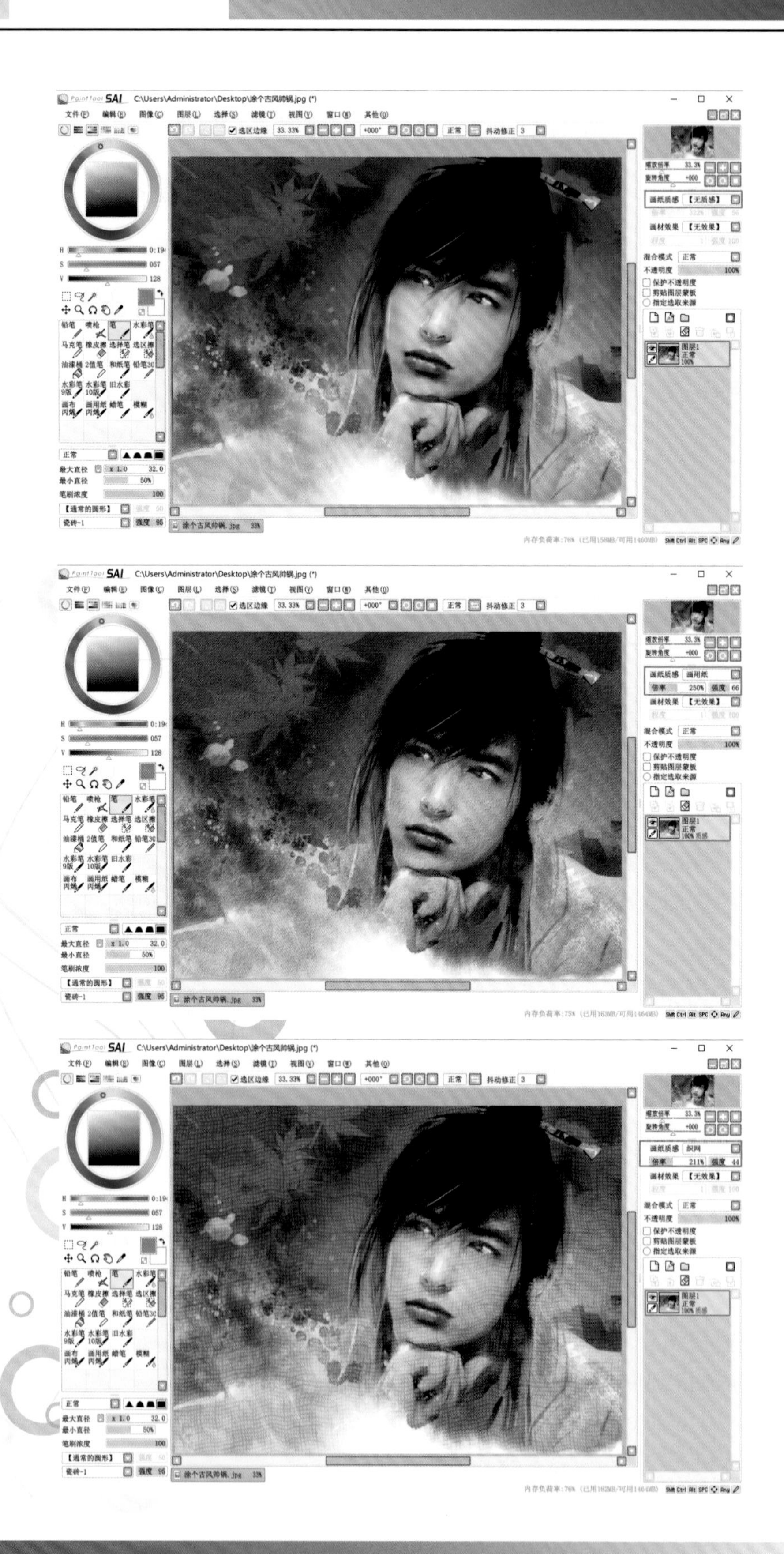

5.4　画材效果

“画材效果”中有“水彩边缘”一项，选中后，画出的笔触会带有水渍湿边效果。可以调整不同的程度和强度值。

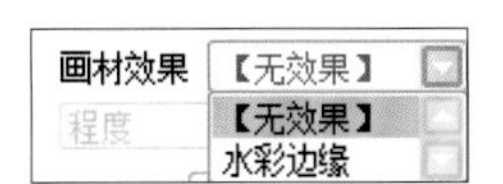

“画材效果”往往与“画纸质感”及变量笔刷配合使用，会体现出很好的水墨绘画模拟效果，需要多尝试。

5.5　软件快捷键

熟练地使用快捷键能事半功倍，提高绘画速度和效率。

在笔刷变量中，“最大直径”就是笔刷的大小。按着 Alt+Ctrl 快捷键的同时，笔尖在画面中拖动，会看到图中所示拖拉直径变化的圆，即笔刷的大小变化。在绘画过程中，我们往往边画边随时按键拖拉，来随时改变笔刷的大小。

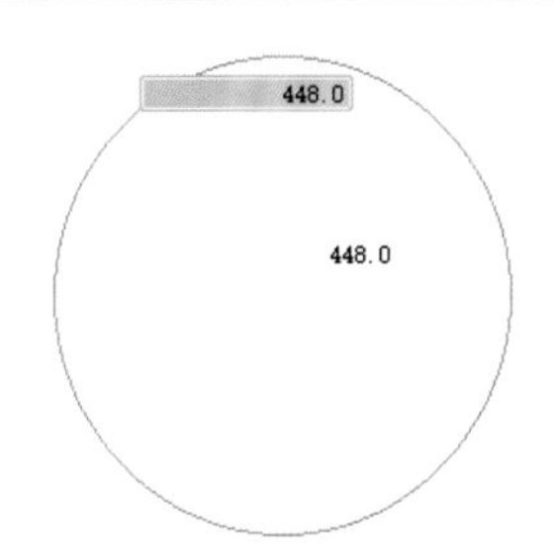

以下为软件快捷键介绍。

Space：移动画布。

Alt+Space：旋转画布。

Alt：取色。

Tab：全屏显示画布。

Ctrl+E：向下合并图层。

Ctrl ＋ F：填充。

Ctrl：移动图层。

Shift：画直线用的。

“[”和“]”：增加、减小笔刷直径。

E：橡皮。

N：铅笔。

V：笔。

B：喷枪。

C：水彩笔。

SAI 的画笔双击可自定义快捷键。

D：清除当前画布(我常按错 - -)。

H：水平翻转画布(可以用来检视结构)。

Delete：左旋转画布（逆时针）。

End：右旋转画布（顺时针）。

Alt+ 空格 + 鼠标左键：旋转画布。

Alt+ 空格 + 鼠标右键：恢复旋转画布（按 Home 键也可以）。

X：背景颜色和前景颜色转换。

空格 + 鼠标左键：移动画布。

Ctrl+E：向下合并图层。

Ctrl+T：自由变换。

Ctrl+ 鼠标左键：移动画布内容。

Ctrl+Alt+ 鼠标左键：(左右拖动)调整笔刷大小。

Alt+ 鼠标左键：拾色。

Ctrl+Z：撤销。

Ctrl+Y：返回撤销前。

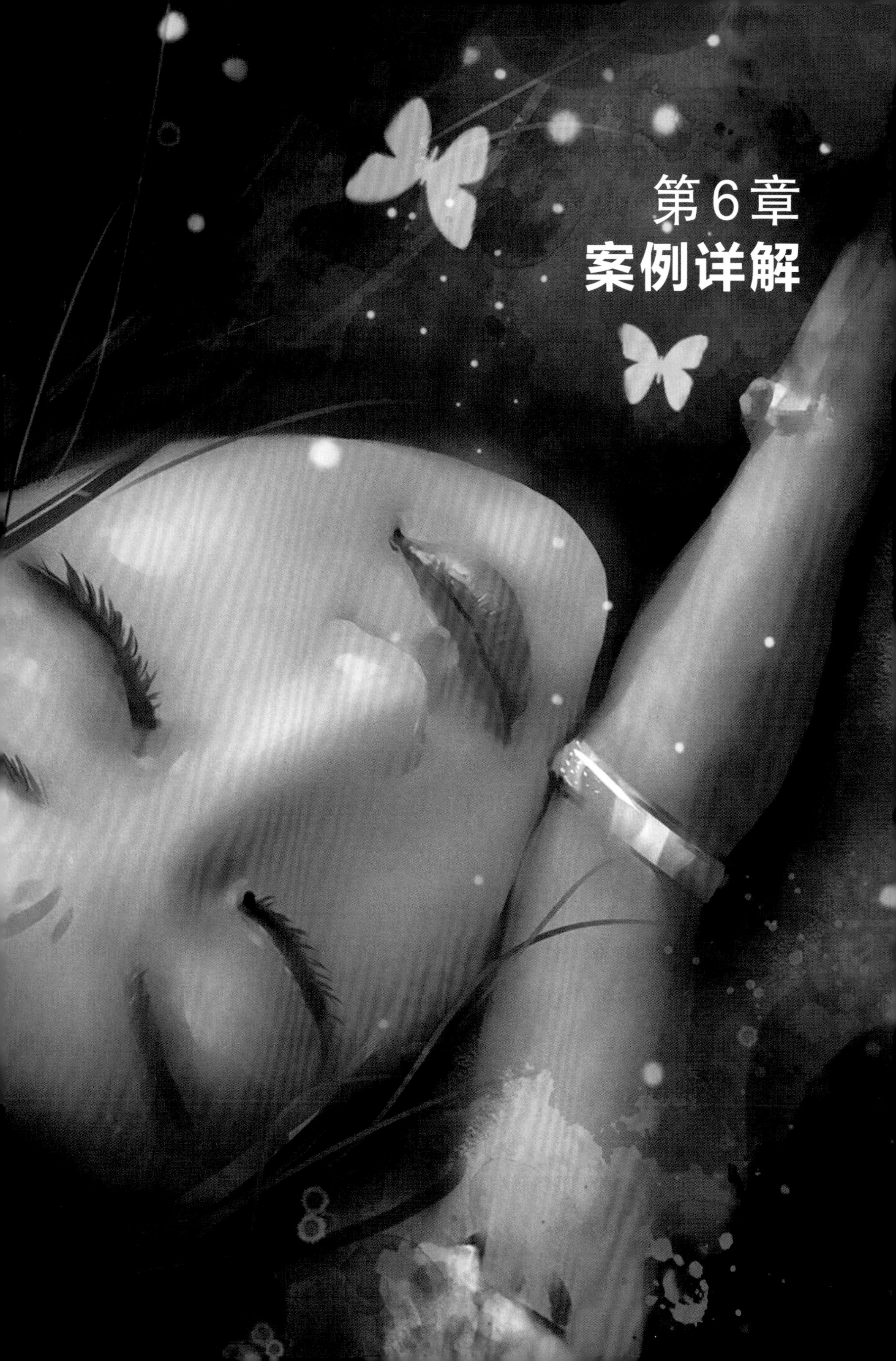

第 6 章 案例详解

6.1 哥哥国荣——明星画像

纵横四海志，英雄本色藏。金枝玉叶容，东邪西毒妆。春光乍泻日，胭脂若扣霜。霸王别姬逝，倩女幽魂香。十年如一日，人间四月殇。

01 新建文件，在底层上另建新层，选用粗糙肌理感的炭笔笔刷绘制人像。先不要抠细节，画出明暗色块的素描关系，区分人物面部受光面和阴影区域。

02 用“橡皮工具”擦出轮廓边缘，尽量硬朗而明确。同时开始进一步刻画五官。

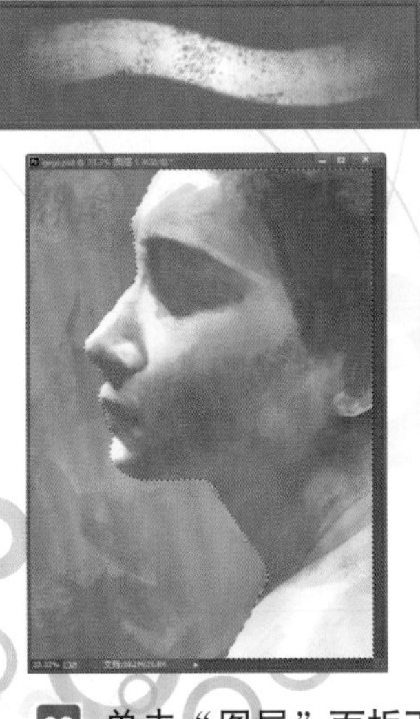

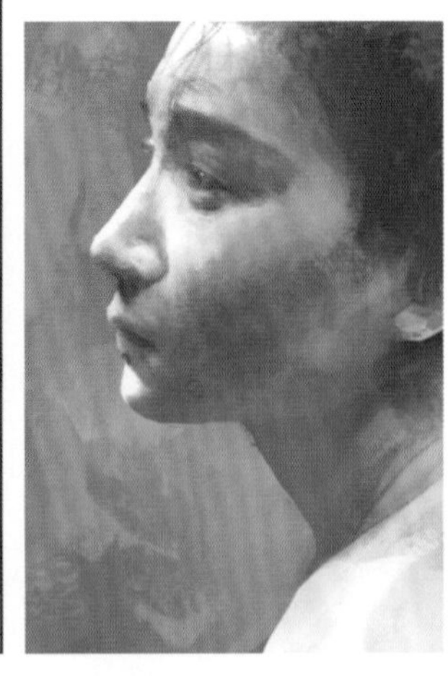

03 单击“图层”面板下面的按钮创建调整图层，在“通道混合器”面板中拖动滑块，将画面调整到一种合适的图中所示的色彩取向，这样黑白画就瞬间被罩上了颜色。

04 以同样的方法创建其他调整图层，然后拖动滑块调整画面。这是一个凭个人色彩感觉和取向的调整过程，没有完全精准的参数值，需要反复多调多试，细微的调整就会带来不一样的感觉。

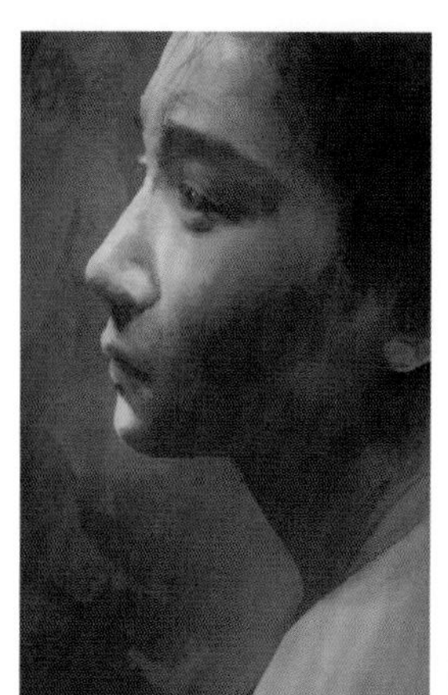

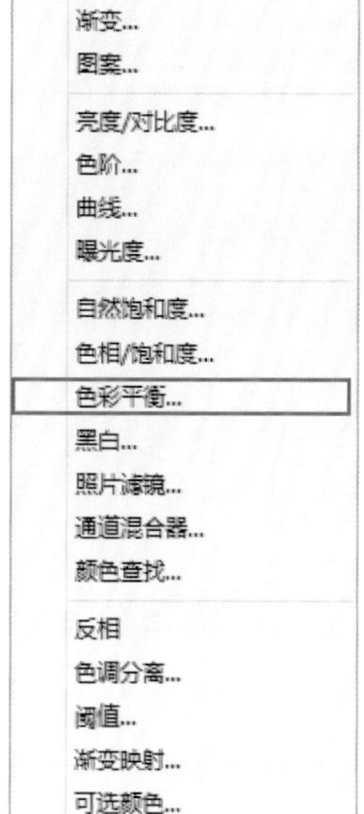

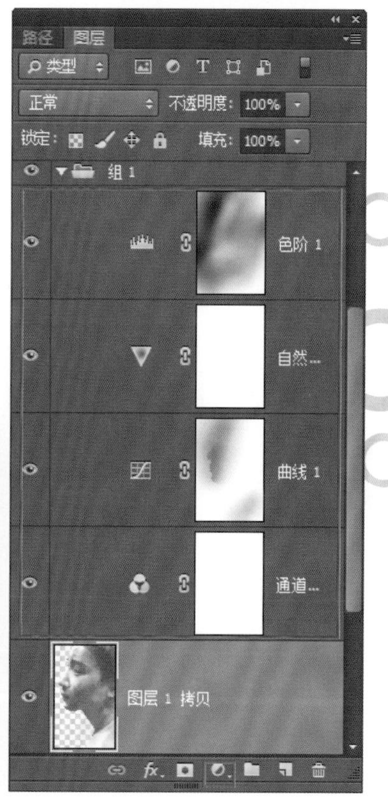

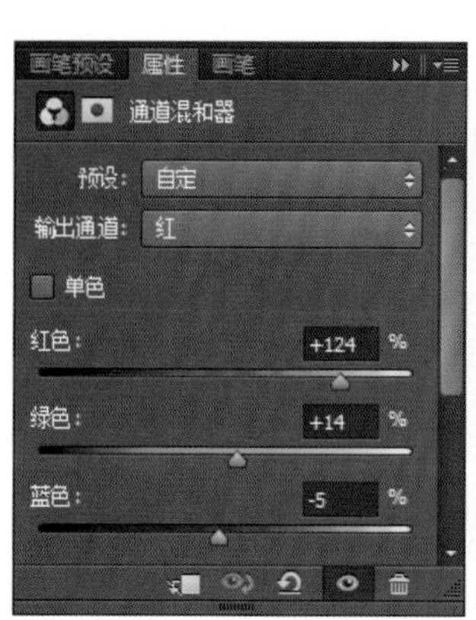

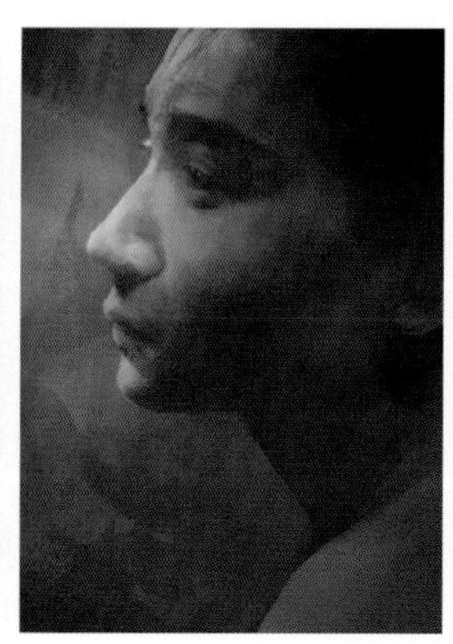

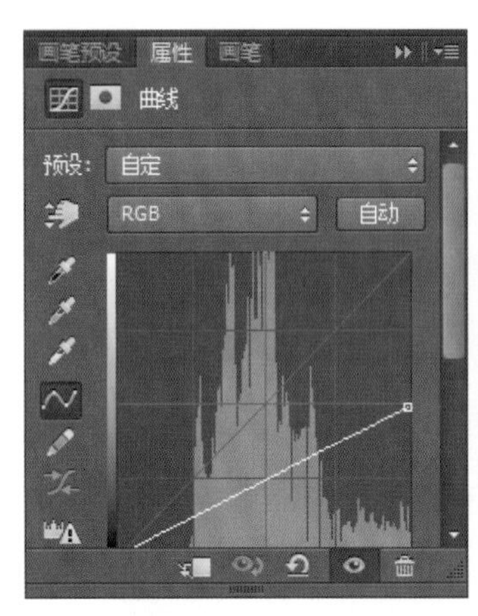

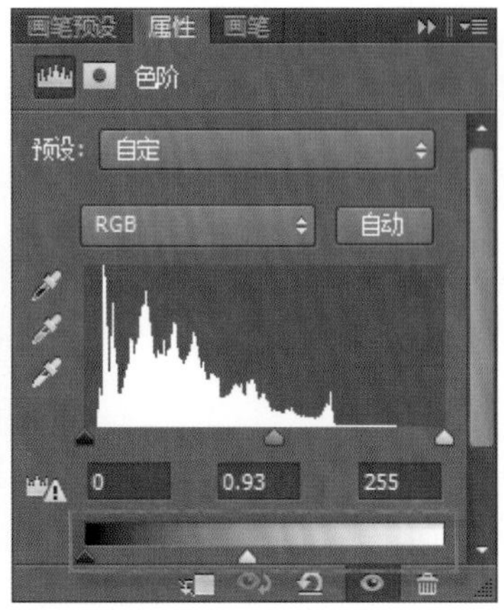

05 调整理想了即可合并图层，以彩色模式继续刻画，选用柔边笔刷和刮刀效果的笔刷，按 Alt 键吸取画面中的颜色，逐步进入细节刻画。

06 用“液化工具”对五官结构进行调整，使之更加准确。

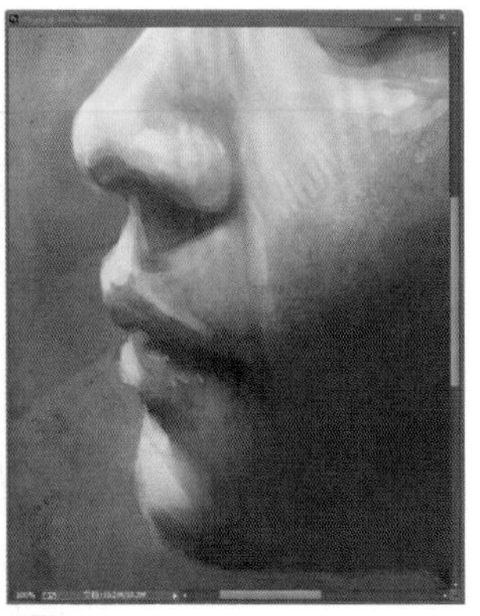

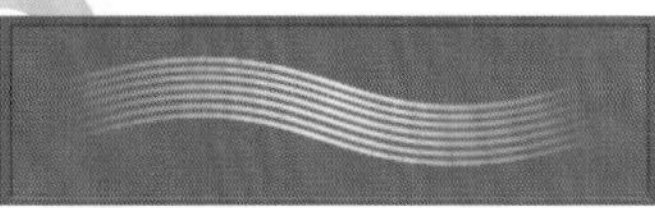

07 眼睛是心灵的窗口，是整个画面传神的重点，需要仔细描摹。不仅仅是像，更多是在画的同时去试着感受那种情绪，这样把感情注入笔尖，才能让画中的人物鲜活起来。

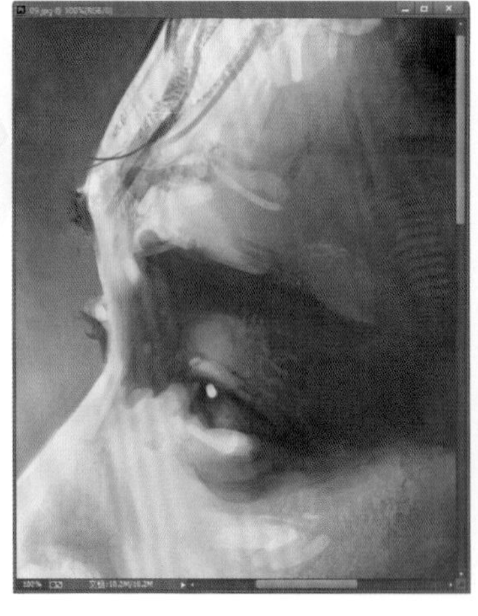

08 接下来就是更多个人色彩的气氛渲染和艺术化加工了。可以自绘或找些水彩或油画质感的图片，拖至画中，然后把图层属性设置为“柔光”，调整不透明度，可以适当擦除影响画面和结构表现的部分。

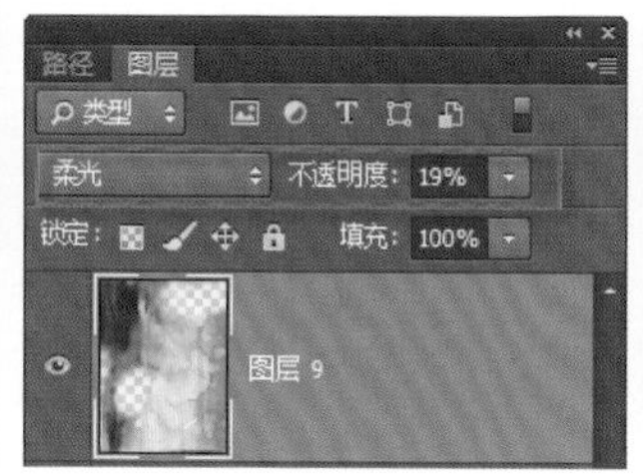

09 仍然是重复第 3、4 步的方法调整色彩平衡、色相饱和度等。这个过程中有时需要你先把画放下，转移目光做些其他的事情，很可能当时觉得很赞的效果，再次去看时，反而觉得色彩光怪陆离惨不忍睹。除了经验，处理效果和当时的环境光线、个人心情甚至健康状态都会有关系。

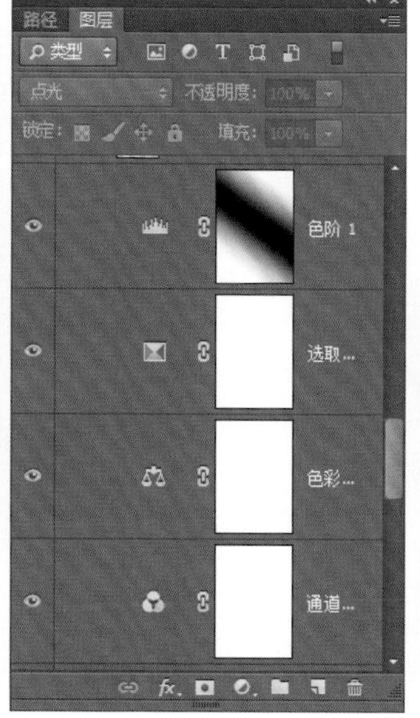

10 新建图层，选用一些墨点或撒盐效果的笔刷，增强随意感和艺术效果。同时注意调整图层模式和不透明度到适可而止，不要喧宾夺主乱了画面。

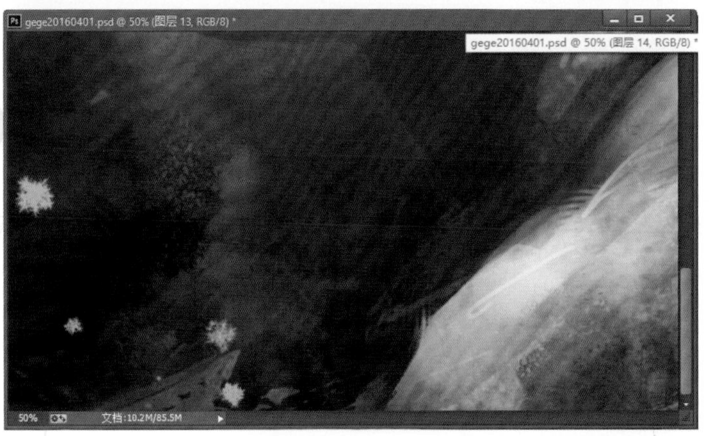

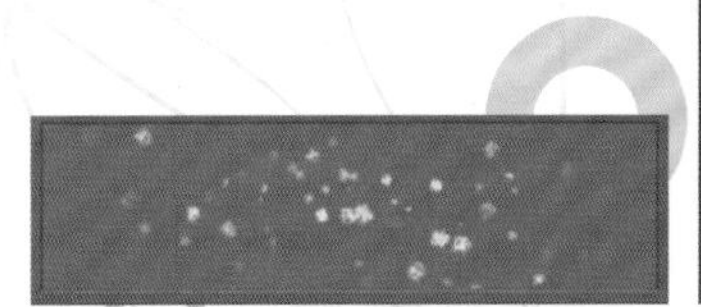

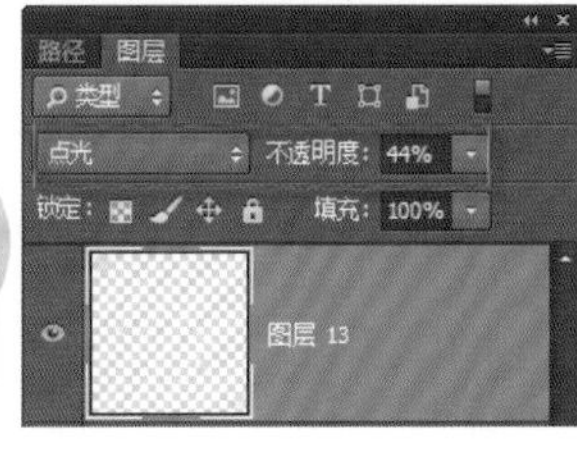

11 最后合并图层，执行 USM 锐化，增强笔触和肌理效果。

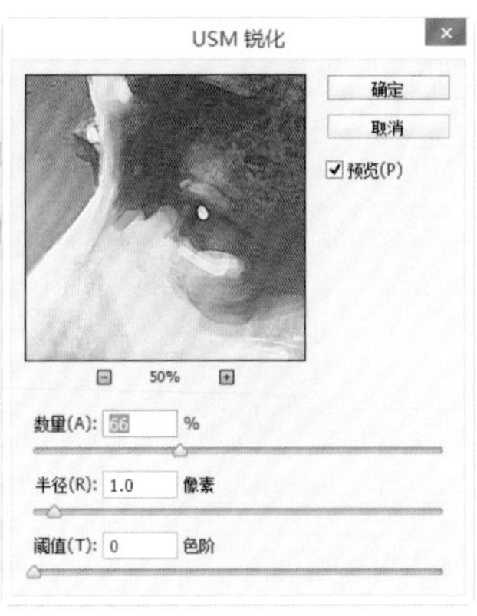

6.2　梦蝶——古风美人

锦瑟无端五十弦，一弦一柱思华年。
庄生晓梦迷蝴蝶，望帝春心托杜鹃。
沧海月明珠有泪，蓝田日暖玉生烟。
此情可待成追忆，只是当时已惘然。
李商隐《锦瑟》

01 在 Photoshop 中用自带圆头笔黑白起稿，用黑白灰构建结构和明暗。

02 调整色彩平衡，设定画面色调。

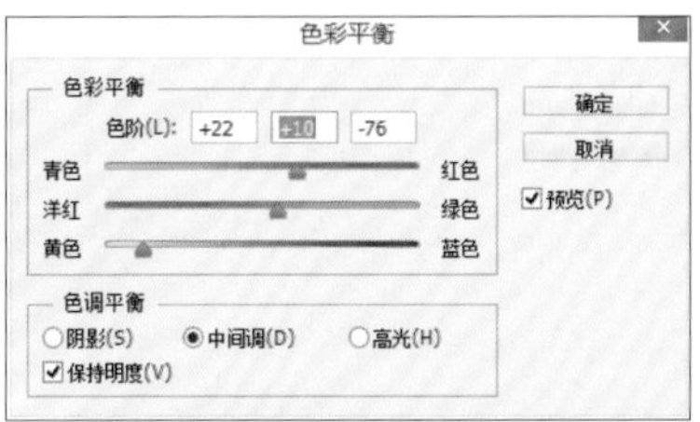

03 新建图层，图层属性为“颜色”，为面部和手臂涂上肉色。

04 在 SAI 中一边用“笔工具”画，一边用“模糊工具”进行模糊润化。

05 新建图层，设置图层模式为“正片叠底”，画出暗部。用“模糊工具”进行融合模糊。

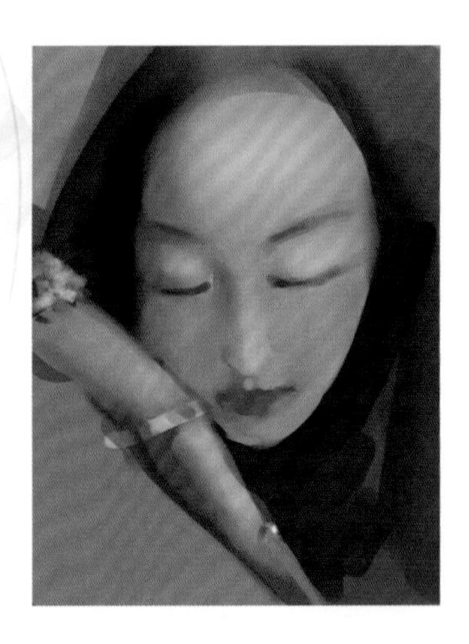

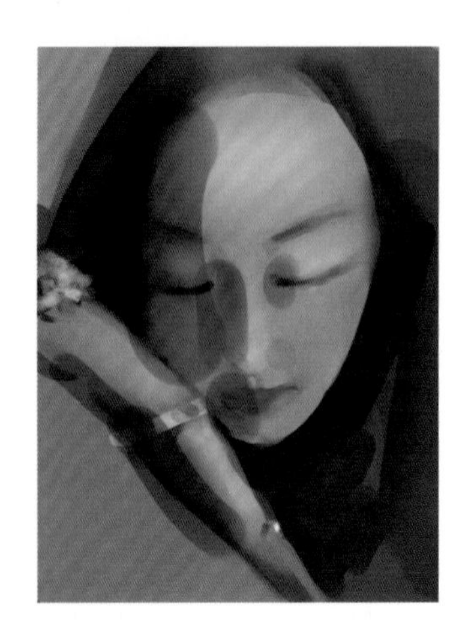

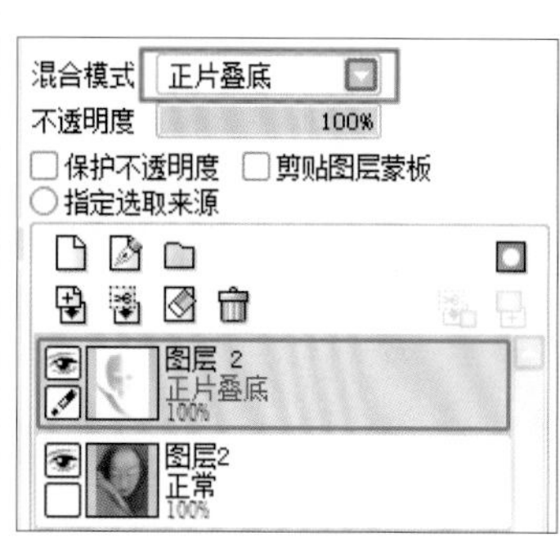

06 在 Photoshop 中，用“减淡工具”对受光面进行提亮。

07 可以选用炭涩笔刷画衣袖图案。

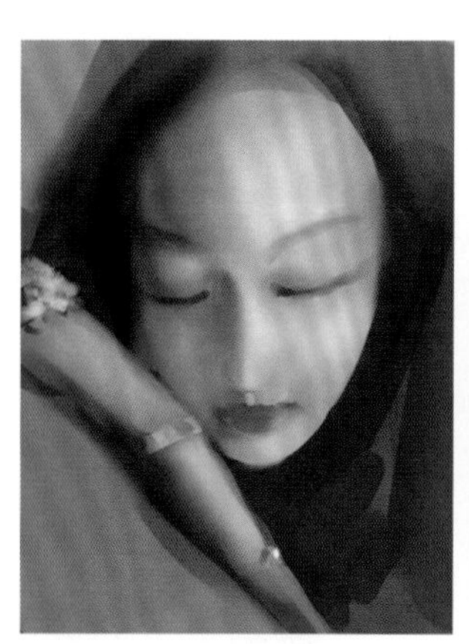

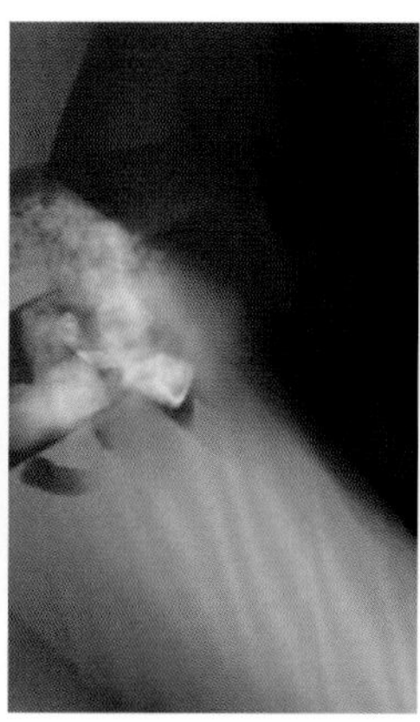

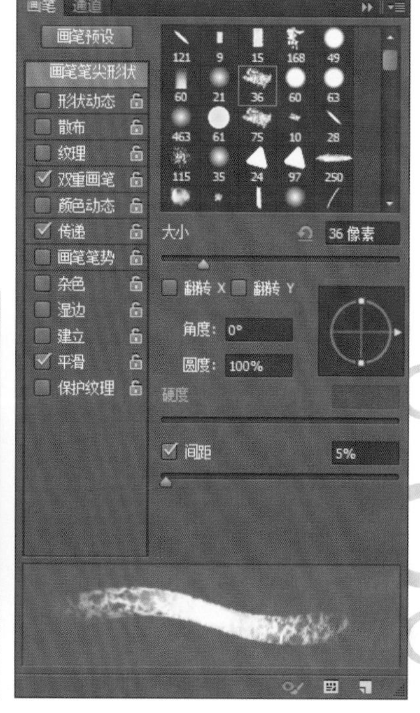

08 用“套索工具”勾选面部与手的夹角、手与扶案的夹角，新建“正片叠底”图层，用喷笔叠加暗红色。

提示

（1）这样勾选出的细节会比较锐利，避免了整个画面混沌模糊。
（2）暗部不要用纯黑，避免了最后画面发脏发污，会比较通透。

09 在 SAI 中用“铅笔工具”一根根地画睫毛、眉毛。

10 用“马克笔工具”点出高光点，位置分布在上眼皮、眉弓、鼻梁、颧骨、嘴唇、下巴，用“模糊工具”涂抹，使过渡融合自然。

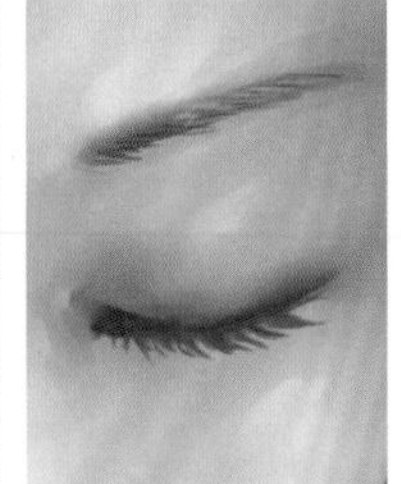

11 细化嘴唇、鼻子，注意强化和明确嘴角、鼻翼与脸颊的轮廓边界，可以使用步骤 8 的“套索工具”勾出边界，再用“模糊工具”涂抹。这样边界明确而过渡自然。

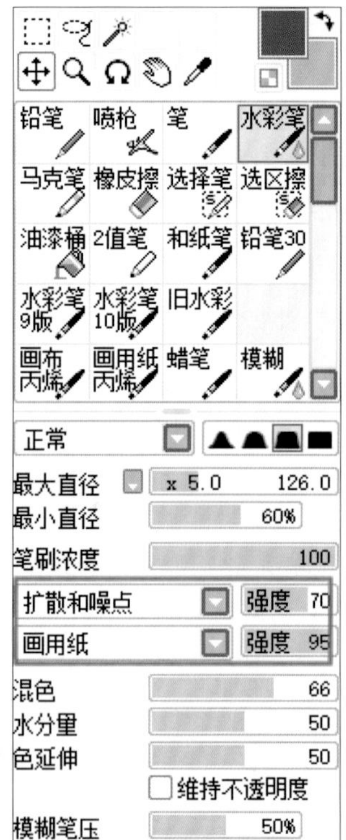

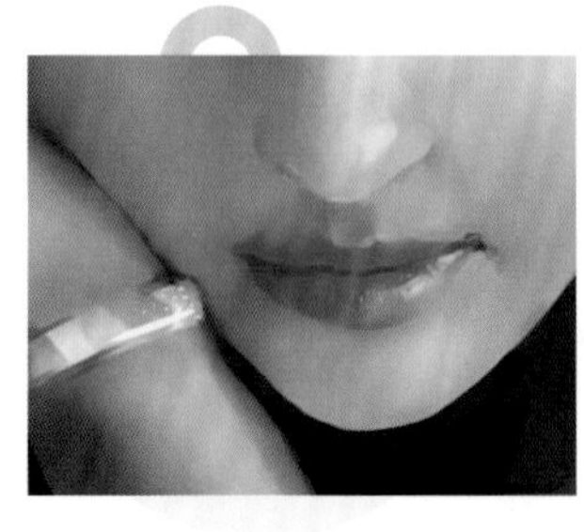

12 选用水彩笔，对应参数设置选为“扩散和噪点”“画用纸”，画人物面部以外的部分，使之与背景融合。画纸质感设置为“水彩 1”，水彩边缘程度为“5”。

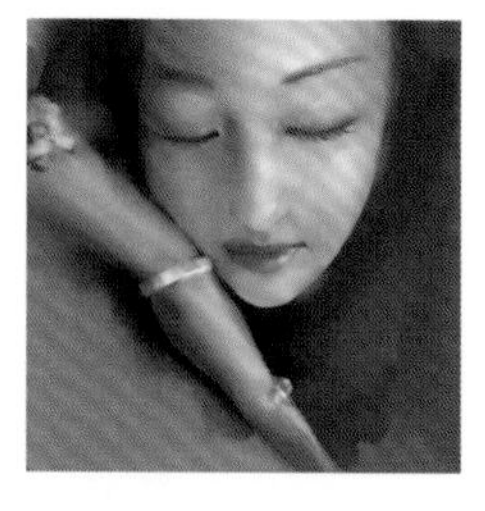

画纸质感	水彩1		
倍率	55%	强度	26
画材效果	水彩边缘		
程度	5	强度	100

13 用棕红色和紫色“马克笔工具”绘制头发。

14 在 Photoshop 中，用撒盐或泼溅笔刷，吸孔雀蓝色。

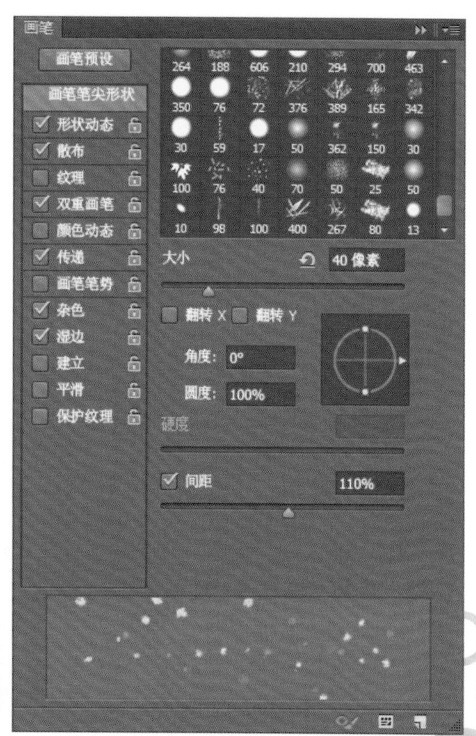

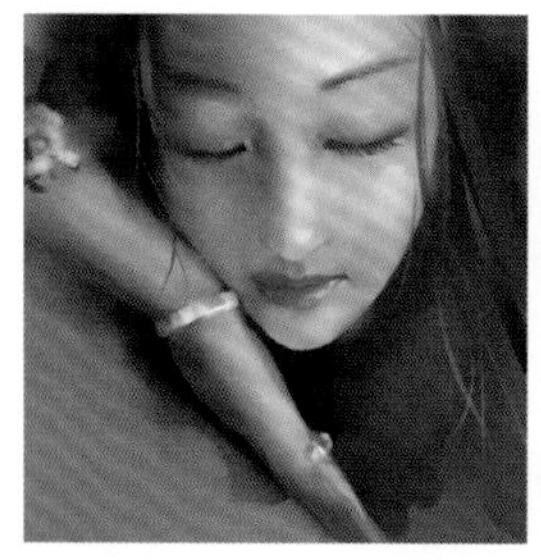

15 置入水墨图案或新建图层，用水墨笔刷绘制水墨肌理，设置图层属性为“柔光”，调整不透明度，为画面赋予水墨纹理。建立蒙版，擦去影响面部画面的部分。

16 用“裁剪工具”，旋转并裁切画面，背景色为黑色。

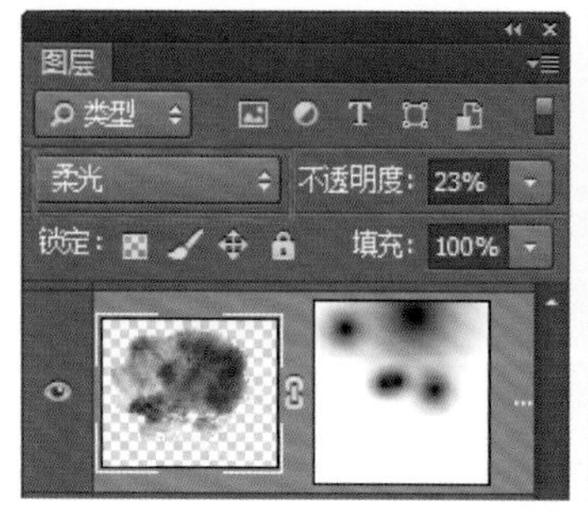

17 填充补绘切口部分画面，同时选用星光、蝴蝶等图案画笔，增添梦幻意境。

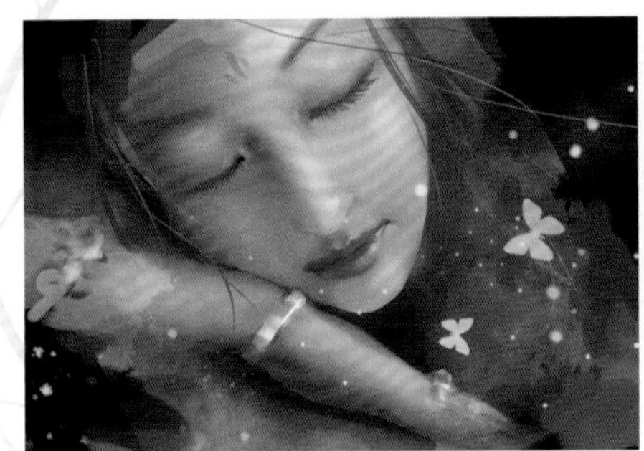

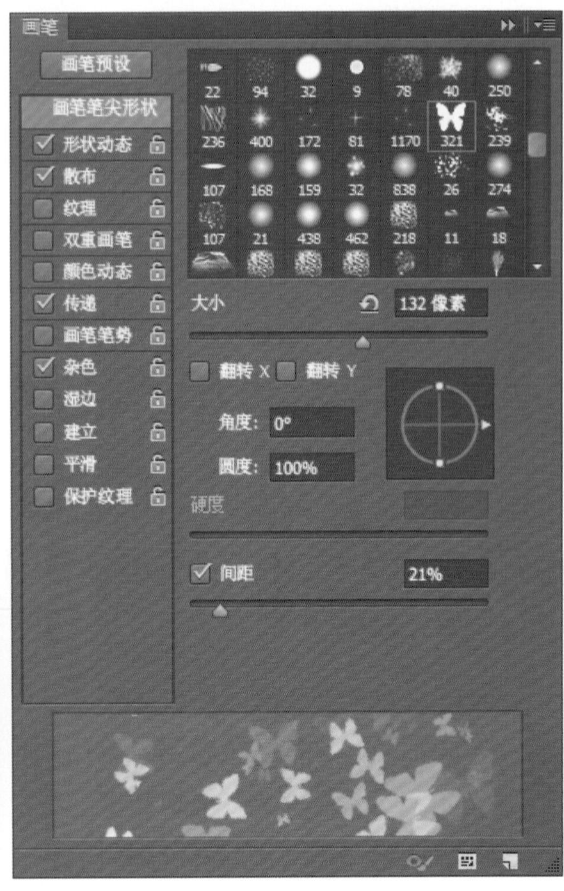

18 新建“色阶”调整图层，使画面变暗，建立蒙版，用对称渐变让人物面部还原亮度。效果相当于压暗了四周，而光照了面部。

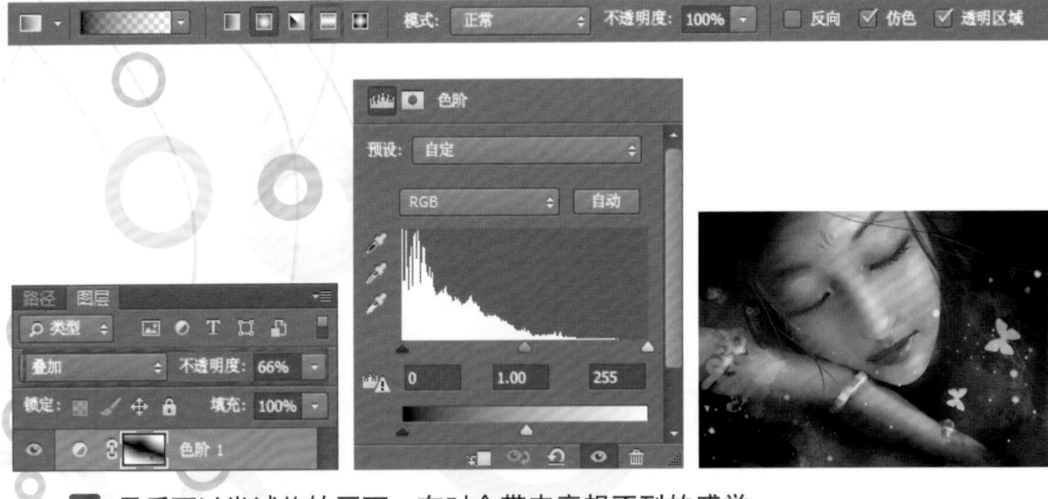

19 最后可以尝试旋转画面，有时会带来意想不到的感觉。

6.3 变形金刚擎天柱——水彩机甲

01 新建文件，用方头笔，较大笔触，边画边擦，适当注意灰度明暗块面关系。

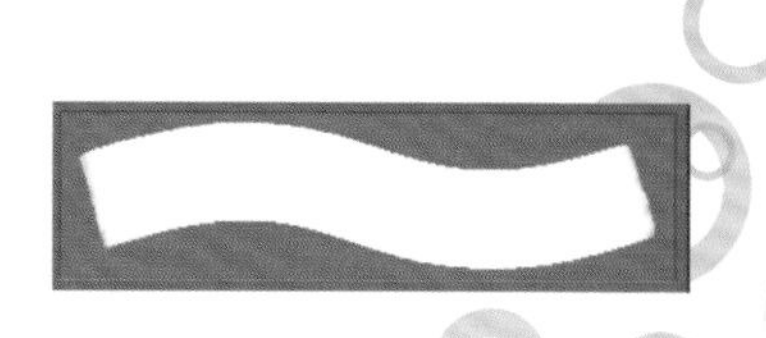

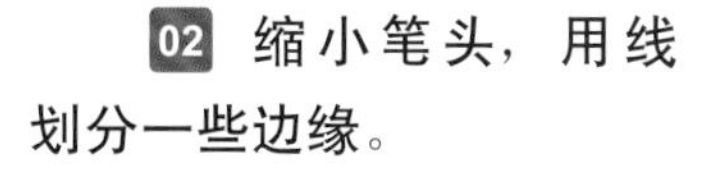

02 缩小笔头，用线划分一些边缘。

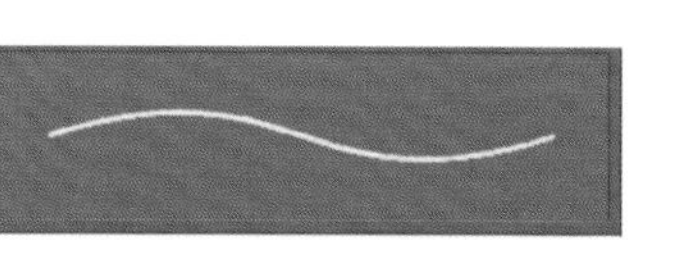

03 选用平行线的筢状笔刷快速表现机械的秩序和轮胎的纹路，斜切笔更方便表现机械的边缘。没有特定非要用哪种画笔，只要选用合适的笔刷，事半功倍的同时，就能更好地体现所画事物的特征。

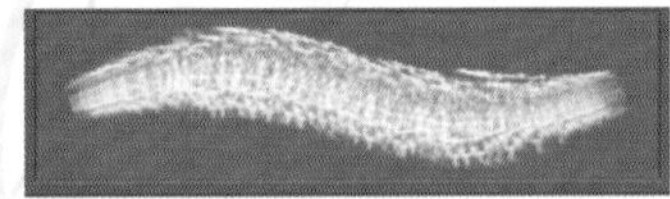
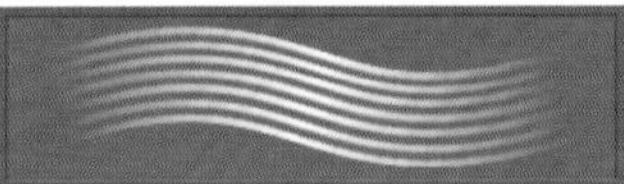

04 新建图层，设置图层模式为“颜色”，给黑白稿进行上色。

05 按快捷键 Ctrl+E 合并图层，在有色状态下随时按 Alt 键吸取画面中的颜色，进行细节刻画，使一些结构更准确。

06 用点选画面空白部分，然后按快捷键 Ctrl+Alt+I 进行反选。在保持选区状态下，按快捷键 Ctrl+J，即把选中区域新建图层，而未选空白区域为透明。

07 在底层与新建的人物主体图层之间再新建一层，用“渐变工具”拖拉一渐变过渡色。

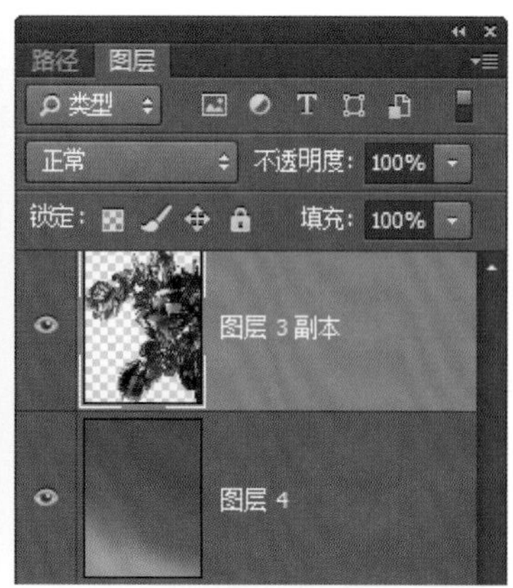

08 按着 Ctrl 键的同时，用鼠标左键单击“图层 3 副本”，调出选区。新建图层，图层模式为“强光”。用柔边喷笔在新图层喷色，在提高颜色饱和度的同时，亮色使亮部提亮，暗色使暗部加深。图示为降低了下面图层的不透明度，以便更清楚地看到在选区的作用下，新喷涂都在选区范围内。

09 再次调出选区，新建“曲线”调整图层，对前景人物进行调整，增强明暗对比度的同时使颜色和过渡更和谐。

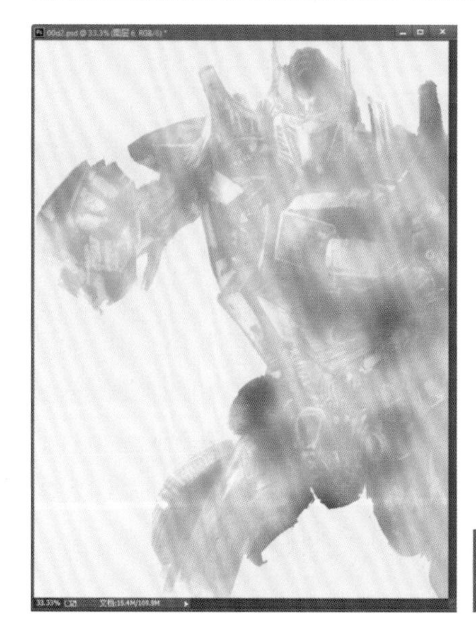

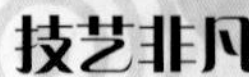

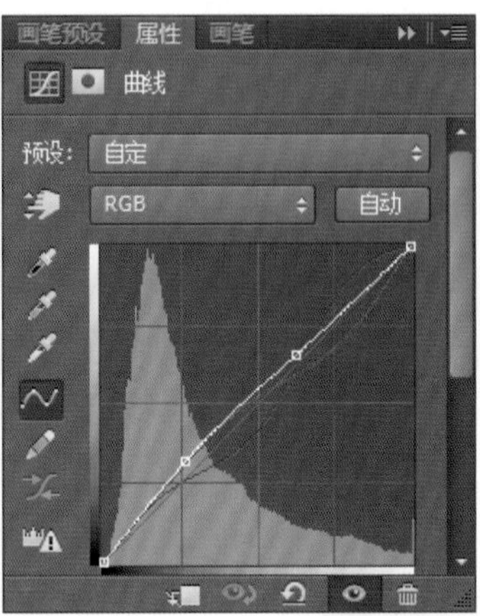

10 绘制或搜索一些水彩肌理图片拖曳到画面中，设置图层模式为“柔光”，适当降低不透明度。

11 执行“滤镜 / 锐化 /USM 锐化”命令，调整“数量”和“半径”参数，对画面进行锐化，使之更硬朗，锐化后机械感和笔触感都增强了，视觉冲击感加强。

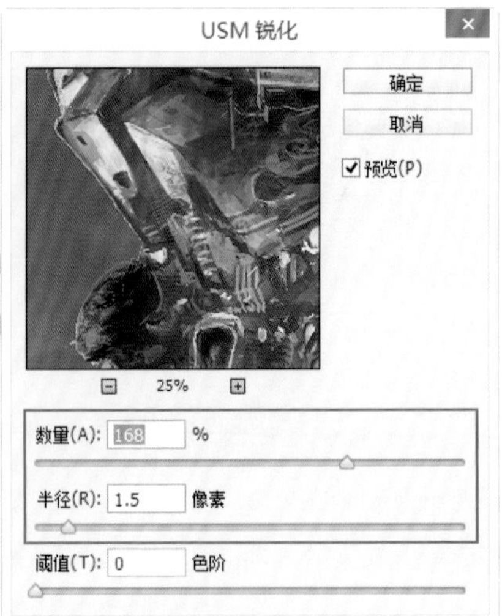

6.4　巫妖王——魔兽世界

《魔兽世界》（World of Warcraft、简称 WoW 或魔兽），对此，相信喜欢游戏的朋友并不陌生，它是著名的游戏公司暴雪娱乐所制作的一款大型多人在线角色扮演游戏。魔兽系列游戏经过长达十多年的发展，魔兽世界已经成为一个拥有巨大而完善的故事背景和庞大的历史架构的魔幻世界，各种 CG 设定更为广大玩家喜爱和推崇。其宣传资料片《巫妖王之怒》更是堪称 CG 典范，绝对的史诗魔幻大片。而真人版电影《魔兽》对于喜欢魔幻题材的朋友来说，不可不观。本案例以魔兽世界游戏官方海报为本进行临摹练习，同时笔者使用了半写意的概念化笔触，改变了原作 3D 超写实的风格，重点在于压感笔手感控制力度的练习。

01 首先我们来制作一个特制的笔刷。首先“复位笔刷”，在 Photoshop 自带的笔刷中选择“硬边圆压力不透明度”选项，在“画笔笔尖形状”选项卡中，“间距”调为最小，在“形状动态”选项中打开“钢笔压力”，且“最小直径”调整为 0，在“传递”选项中打开“钢笔压力”。“新建画笔预设”，并保存画笔名称为“mo”。这样笔的粗细、浓淡就取决于你的运笔力度了，而且画笔具备一定的透明叠加性。

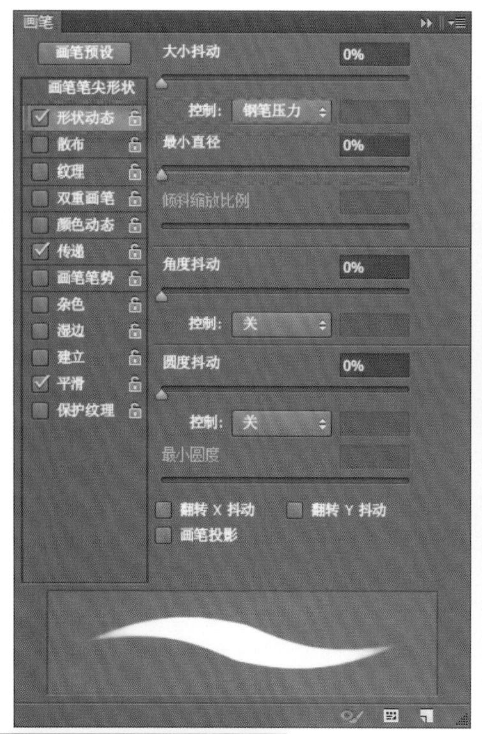

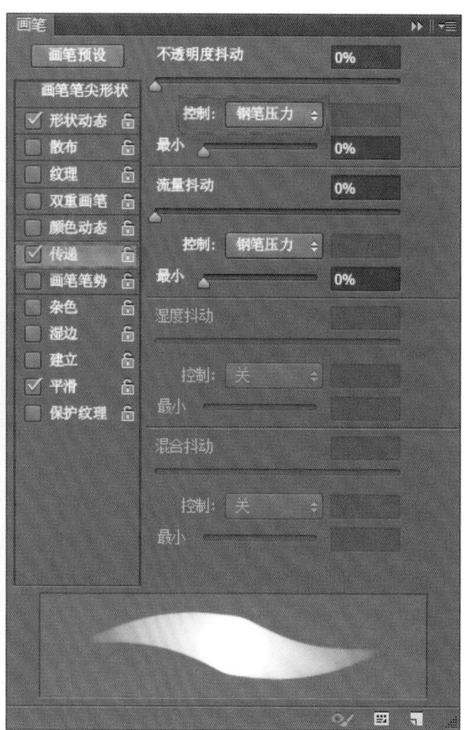

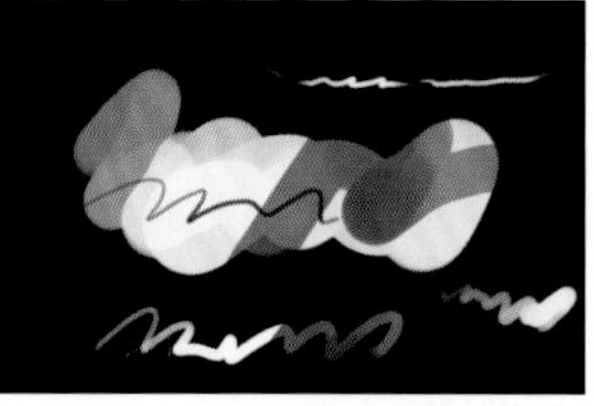

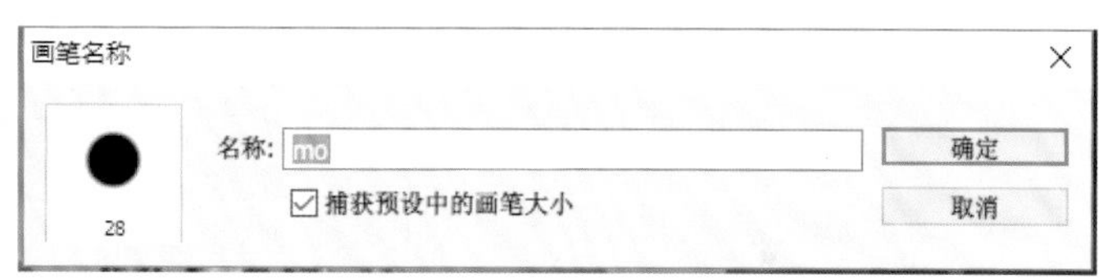

02 对画面的背景进行铺色，使用“径向渐变工具”，用较浅色拉出背景光。

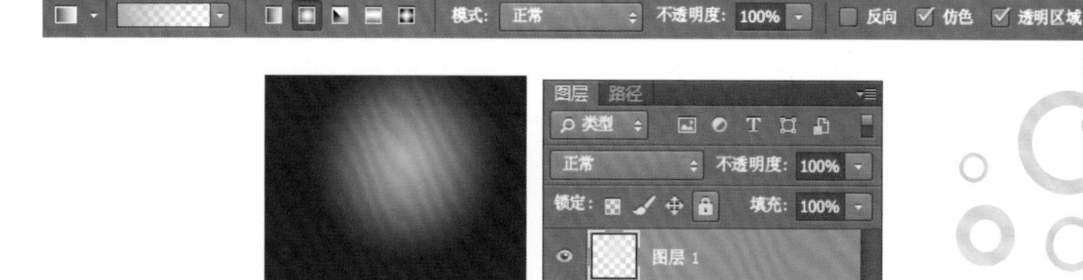

用渐变过渡填色的方法，能很快地建立背景空间感。

03 使用制定好的笔刷“mo”，降低不透明度，调大笔头，快速而大胆地概括绘制基本体征。

04 调小笔刷大小，适当加大压力，使用黑白两种颜色细致地刻画头盔暗部及亮部，制造金属质感。

提示

在绘画时线条不要太流畅，运笔时可以采用“抖”或“顿”的方式，这样会自然产生一种盔甲边缘的斑驳感。

05 用同样的方法逐一推进各处细节。控制好压力手感，注意虚实粗细的变化。

06 接下来绘制人物的发丝，需要把笔刷大小调到足够细，发丝要一根根地画，运笔要放松流畅，快速而不停顿，产生风吹飘逸的感觉。

提示

绘制到这一步，我们基本没有运用其他的笔刷，主要在于使用手头功力，把握运笔火候。所以说再大的巨作说到底还是由无数个小的局部练习组成的，重视基本功的练习尤为重要，不要贪图画大画，画巨幅。小幅画能画好，大画就不存在太多技术难度了，无非是细节数量的增加，时间上的增加。

07 选用斑驳的笔刷绘制出毛织感的衣襟效果。

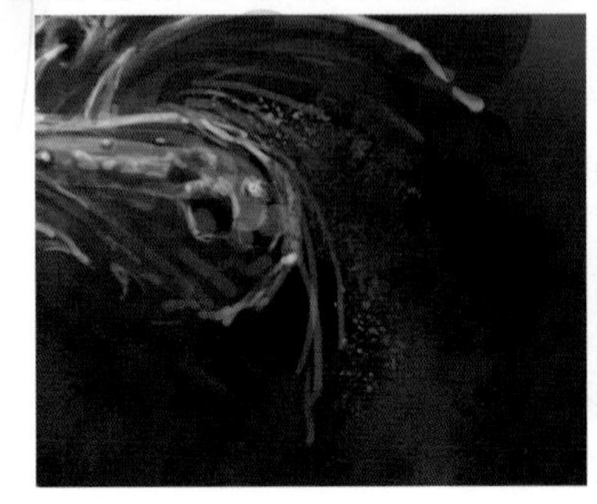
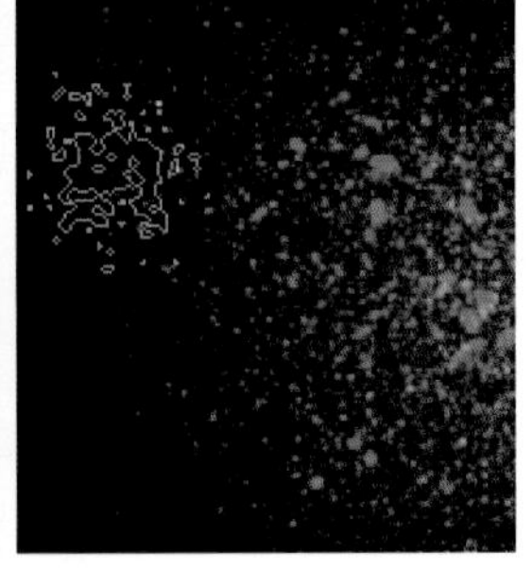

08 接下来绘制盔甲和武器上的冰凌，在绘制的时候仍然使用mo笔刷进行绘制。首先我们回想一下冰凌形成的过程，它是一滴滴水未滴下而凝结，一滴摞一滴，一滴接一滴，所以上面会积得最多，比较粗，而下面是最新凝结的，细一些，同时能感觉到水滴的圆肚儿，但不要有意去画圆，随意一些，随机地手头施加压力和抖动，做到快速而随意。由于冰凌光滑且反光度高，所以一定要有最大压力到实白。适当调节画笔的“不透明度”和“流量”小于100%，会很好地刻画冰棱的通透感。

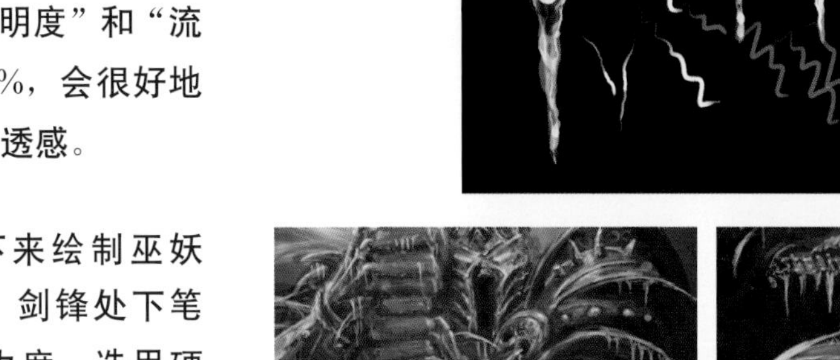

09 接下来绘制巫妖王的这柄剑，剑锋处下笔要流畅而有力度。选用硬边笔，设置笔刷模式为“线性减淡（添加）”，绘制剑纹及冰凌的反光。

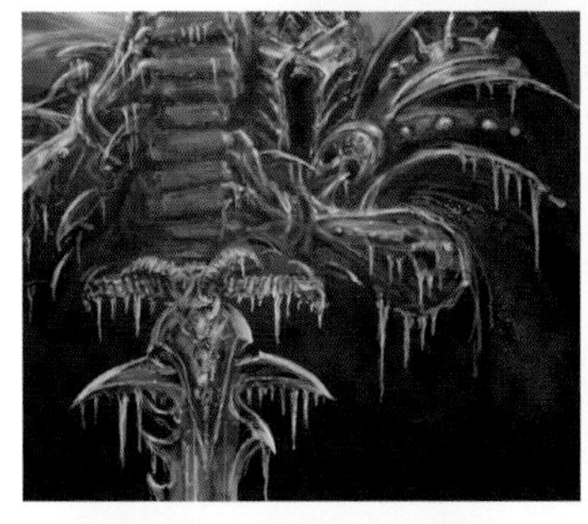

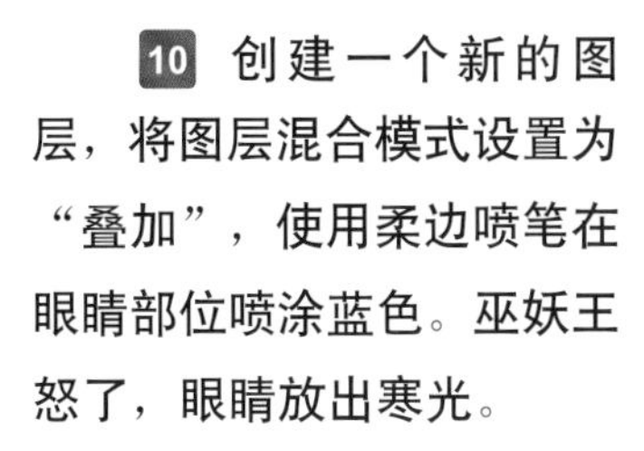

10 创建一个新的图层，将图层混合模式设置为“叠加”，使用柔边喷笔在眼睛部位喷涂蓝色。巫妖王怒了，眼睛放出寒光。

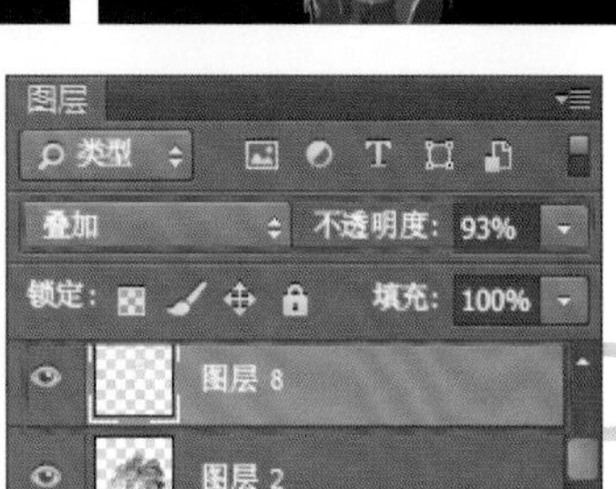

提示

笔刷模式与图层混合模式效果相同，只是在运笔时直接对下面的颜色产生作用效果。“叠加”和“线性减淡（添加）”的模式常用于绘制强光，如发光光源或强反光，此模式下重复运笔，会在原有色基调下加强光感，反复加强的最终结果将是最亮的白色。

11 使用喷笔绘制剑气，似烟似雾，薄而透气，可适当使用“涂抹工具”对其进行涂抹，使其产生飘逸感。

12 绘制画面的背景，起初笔者的想法是将背后的光感绘制得非常强，用逆光来反映巫妖王的黑暗，后来经反复揣摩，还是决定把亮点放在即将绘制的巫妖王那双发光的眼睛上，于是加暗并淡化了背景。

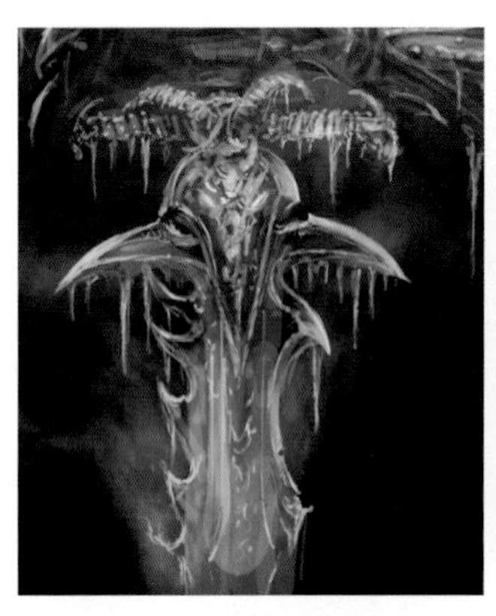

13 接下来创建一个新的图层来绘制雪花，可直接选用雪花笔刷，也可选用单个的点状笔，在笔刷预设中勾选“散布”选项，并调整参数至适当效果。雪花要随机产生，不要太刻意一个一个去点，用“散布”大面积地刷。

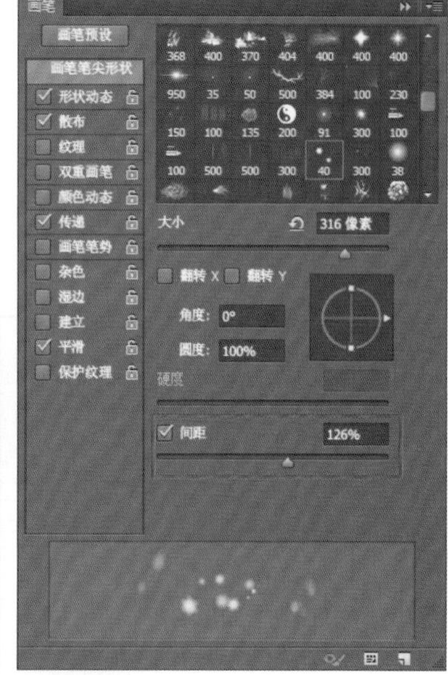

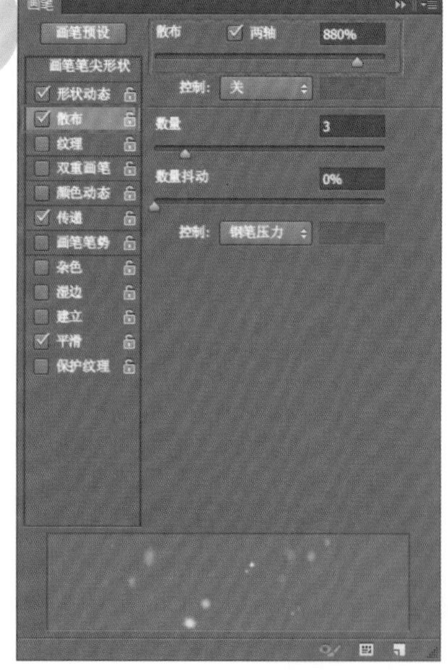

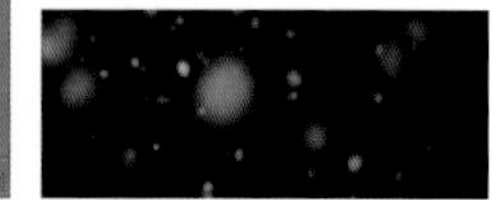

14 接下来笔者在剑气和眼光上罩了一个蓝色的透明光芒层。可以直接选用“喷枪画笔工具”，也可用“径向渐变工具”颜色渐变后减低图层不透明度来实现。

提示

此时看起来似乎效果不是很明显，但这是让画面更加真实和有客观说服力的细节。光照到周围的冷气上，而这种冷气一定程度遮挡住了后面的事物。

15 现在画面绘制基本完成了，接下来需要调整画面的颜色，使画面效果显得更冷，建立“色彩平衡”调整图层，在面板中进行图中所示的设置。

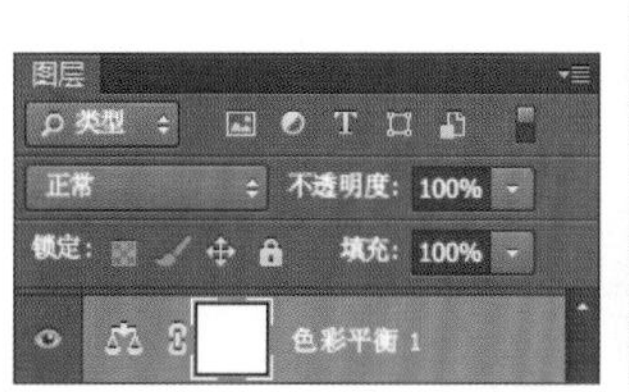

16 建立“色阶”调整图层，在面板中进行图中所示的设置，使亮部更亮，反光更强烈。

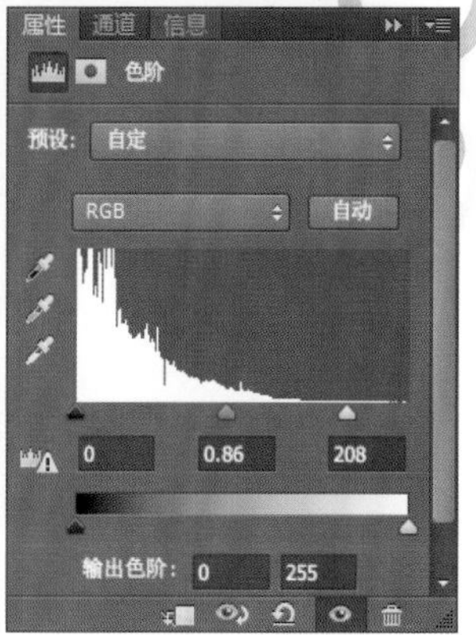

17 适当降低画面明度及饱和度，使之不会太艳，而有种兵器盔甲的冷和沉重感，“色相 / 饱和度”面板中的参数设置如下图所示。

18 最后打开“USM 锐化”面板，适当调节参数滑块，使画面细节更坚硬。

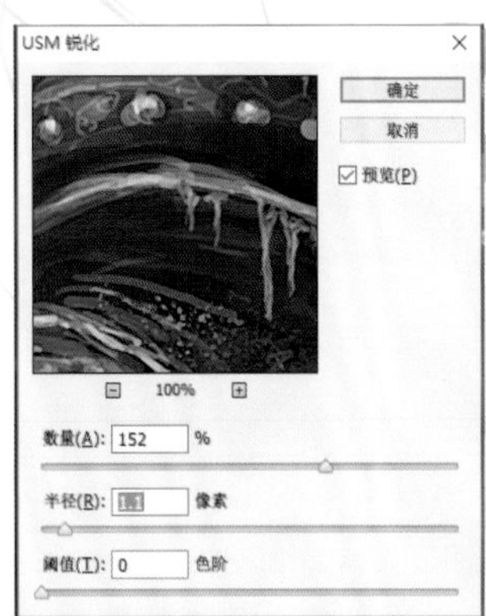

6.5 照片转手绘 I ——趣味漫像

这是一张普通生活照片，介绍如何用 Photoshop+SAI 把画里的人物转手绘，并具有漫画的趣味。

01 在 Photoshop 中打开照片并另存副本，擦除人物以外的部分，或者用“套索工具”选中并删除。

02 用“套索工具”选取头部，按快捷键 Ctrl+J 新建复制图层，按快捷键 Ctrl+T 放大。

03 用“魔术棒工具”单击画面空白处，然后按快捷键 Ctrl+Shift+I 反选人物，按快捷键 Ctrl+J 新建复制图层，按快捷键 Ctrl+T 缩小所选图形。

04 用画笔直接吸色，抹除一些细节，对颜色和结构进行概括，合并图层并保存为 PSD 格式（PSD、JPG 是 Photoshop 和 SAI 通用格式，PSD 含图层，JPG 为压缩格式，并不含图层）。

05 在 SAI 中打开，用“铅笔工具”画出一些边缘线，明确结构。用“笔工具”就近吸色涂绘。

06 为“笔工具”选择一种画质质感，给包写意性地画些纹理。

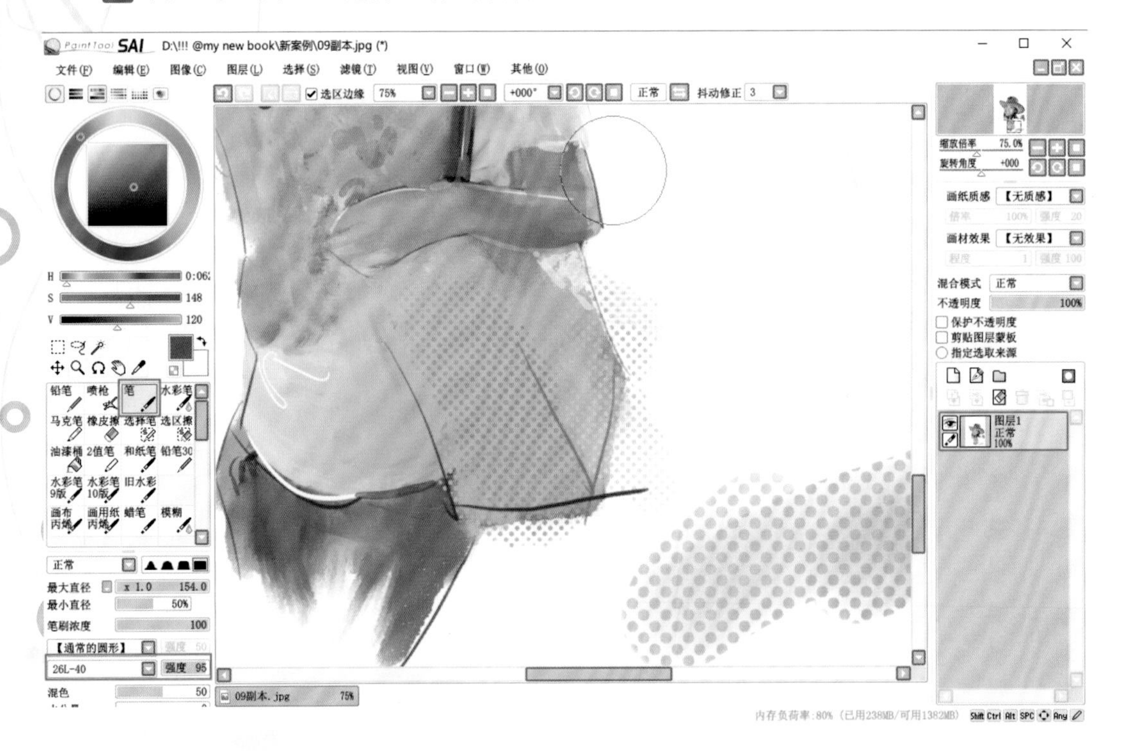

07 回到Photoshop，用“减淡工具”给人物面部提亮加光。

08 用“液化工具”对人物进行漫化式调整，使之更具喜感。

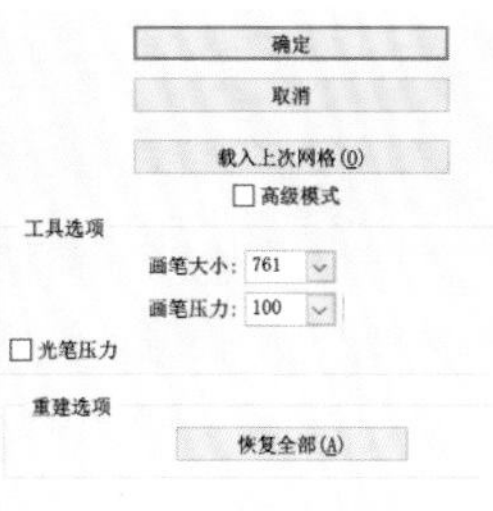

提示

这个环节是重点，也是难点，考验画者对人物的把握及造型能力，同时要求对人物的主要特点加以夸张，例如嘴大要更加大，龅牙要更加突显，小眼要再缩小……冯小刚的龅牙，李荣浩的小眼，成龙的大鼻子……多观察，揣摩研究和反复尝试。没有一定的经验基础和对人物五官结构的研究，随意乱改只会弄巧成拙为四不像。

09 调节“亮度/对比度”属性，提高对比度，使画面人物显得更鲜活。

10 用交叉线笔在帽子的边缘适当涂抹，既增添了画的笔触感，又写意了帽子的编织纹理。

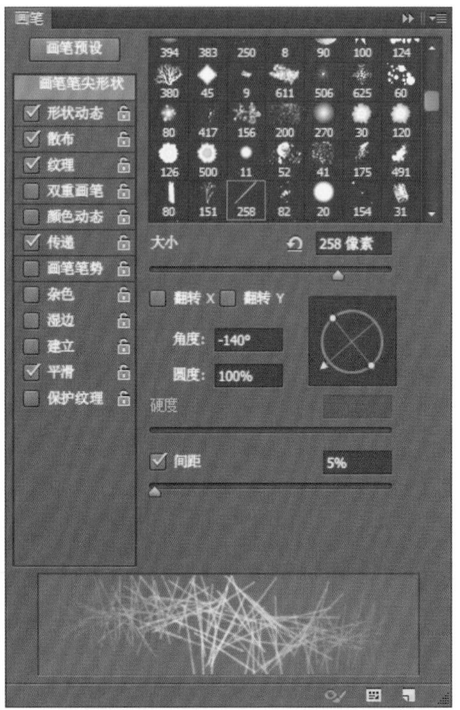

11 用泼溅笔刷涂抹出 T 恤上的图案。

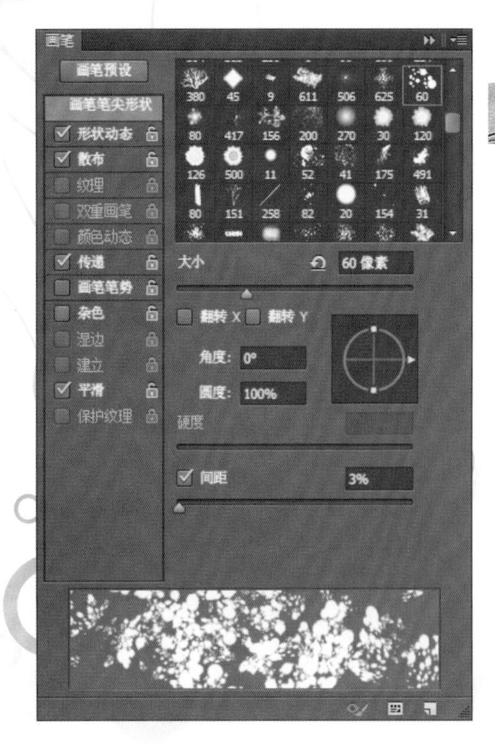

12 锐化，加强笔触感。

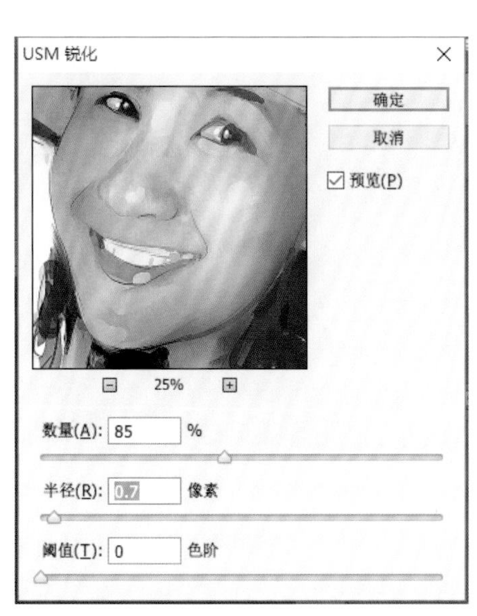

6.6　照片转手绘 II——美萌漫像

我们以《夏至未至》郑爽的一张定装照为例，学习如何把照片转为手绘，同时适当地夸张一些五官和身体结构比例，使之更具漫画的萌趣。

01 用“套索工具”选取头部，按快捷键 Ctrl+J 新建复制图层。按快捷键 Ctrl+T 进行缩放，按着 Shift 键的同时拖动鼠标，进行等比例放大。

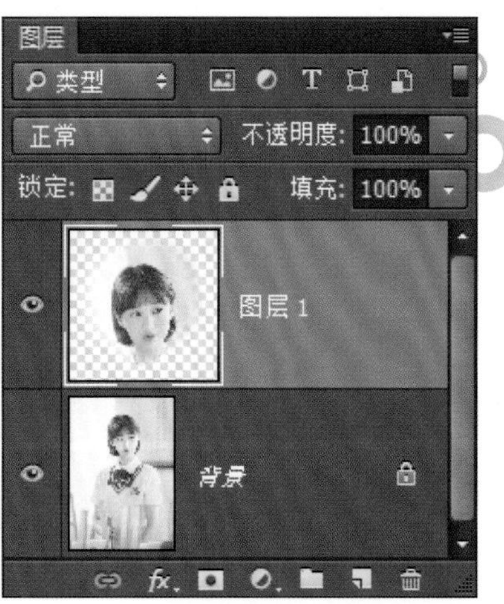

02 用同样的方法复制身体，等比例缩小。在背景图层按快捷键 Ctrl+Del 填充前景色。

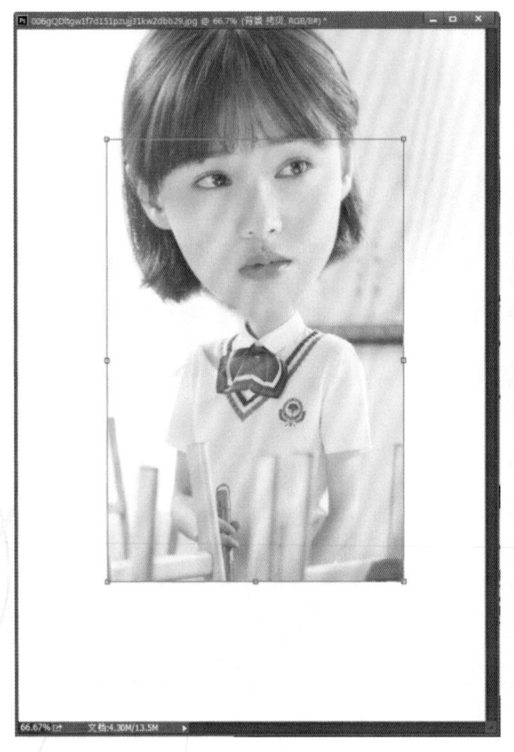
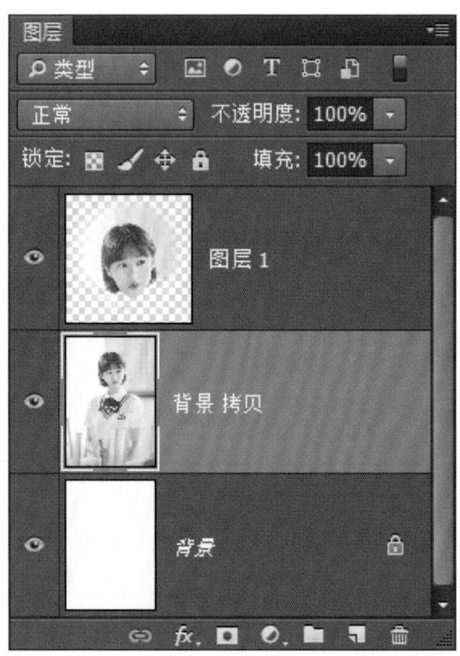

03 用“橡皮工具”擦除照片的背景部分。执行“图像 / 画布大小”命令修改数值放大画布，用“画笔工具”吸色补充画面内容和覆盖一些影响人物身体的照片内容。

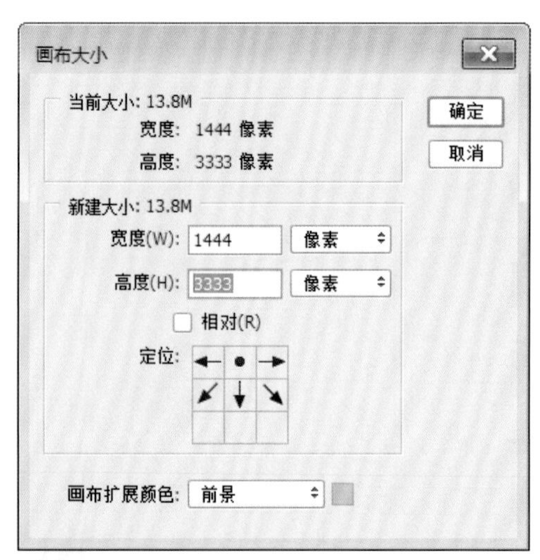

04 执行“滤镜 / 液化”命令，用“膨胀工具”放大眼睛，大眼萌而有神，用“变形工具”微调下巴等五官，使其更具卡通趣味。

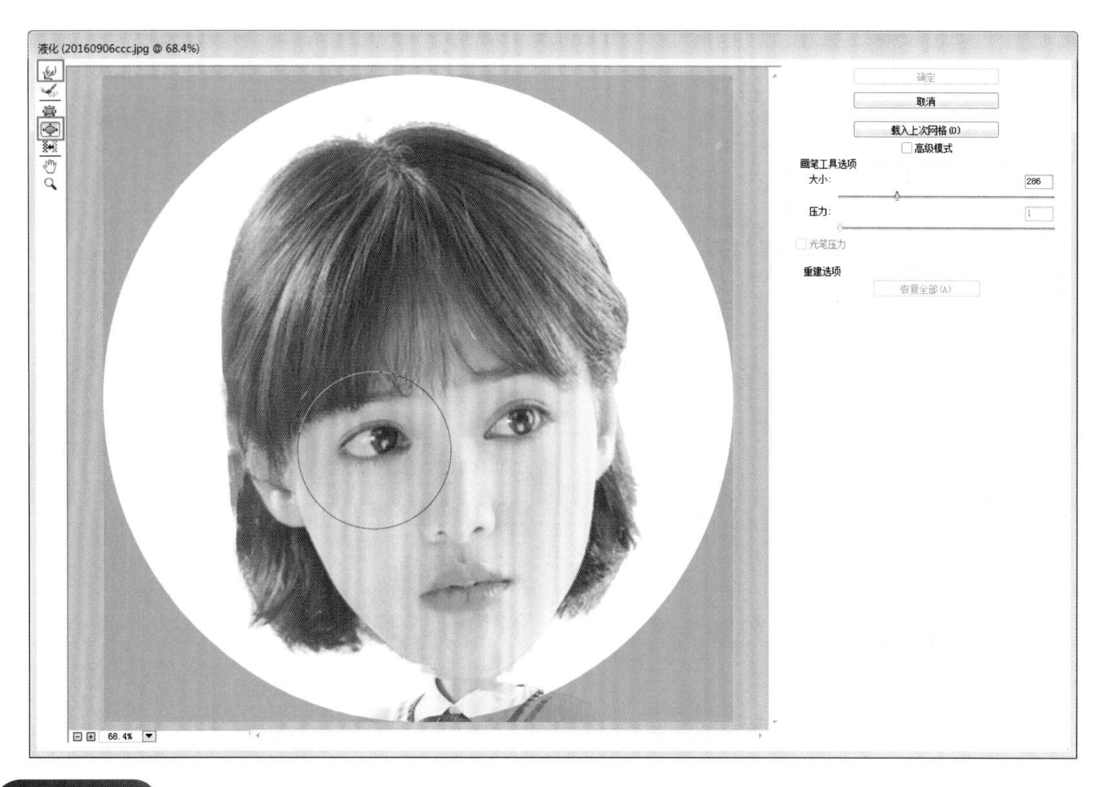

提示

对于一些喜剧化的人物，我们可以更加夸张变形。比如嘴大要更加大，龅牙要更加突显，小眼要再缩小。冯小刚的龅牙，李荣浩的小眼，成龙的大鼻子……这一环节考验绘者的观察力和人物造型能力，需要多揣摩研究和反复尝试。

05 新建透明层，在人物层下用大笔触涂抹衬色。

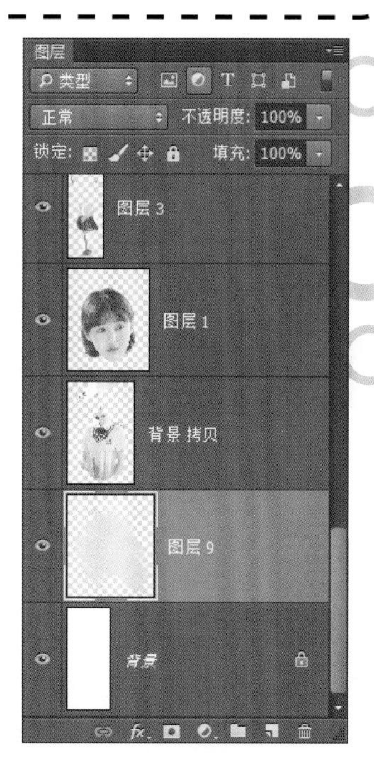

06 合并图层，在 SAI 中打开。用“画用纸丙烯”笔，吸色画头发。

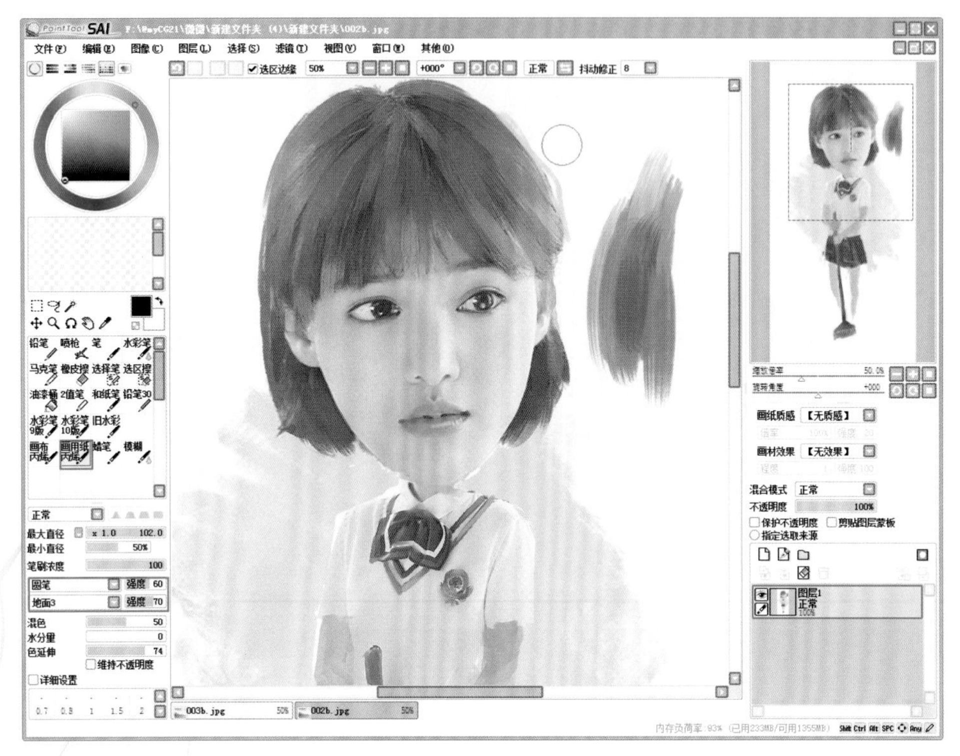

07 有“铅笔”勾画轮廓，黑色描边，白色画出一些高光。

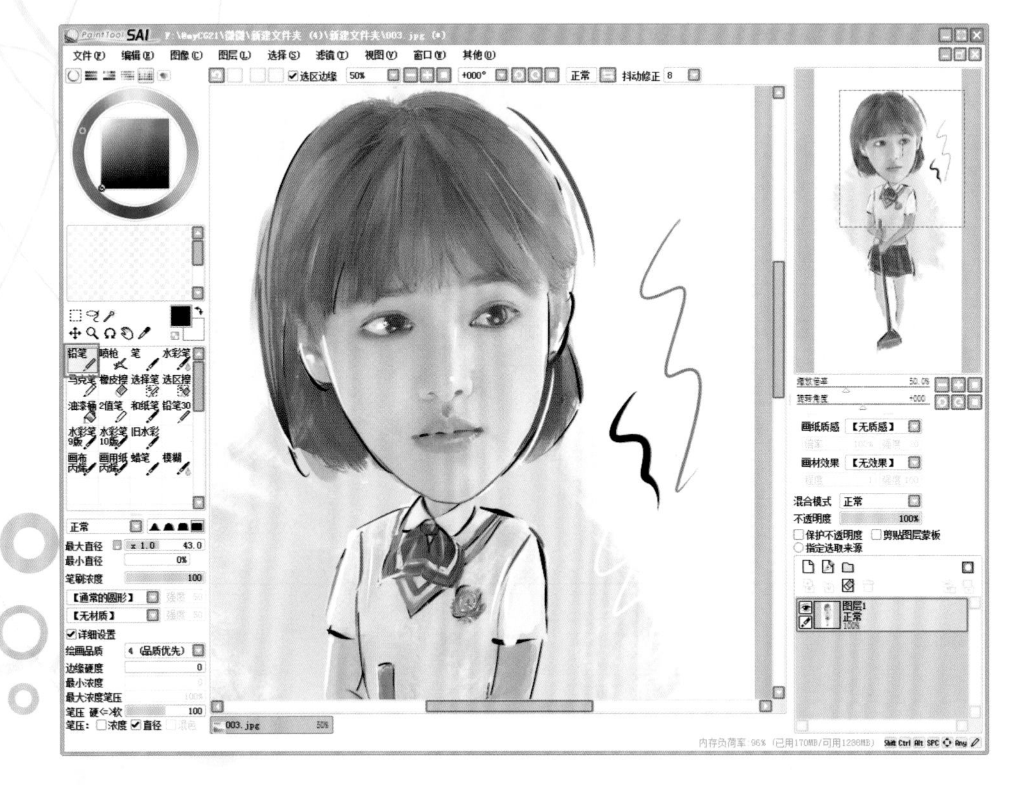

08 用“马克笔”涂色，覆盖原来的照片内容，抹掉不必要细节的同时，把不清晰的部分给予像素的修补。

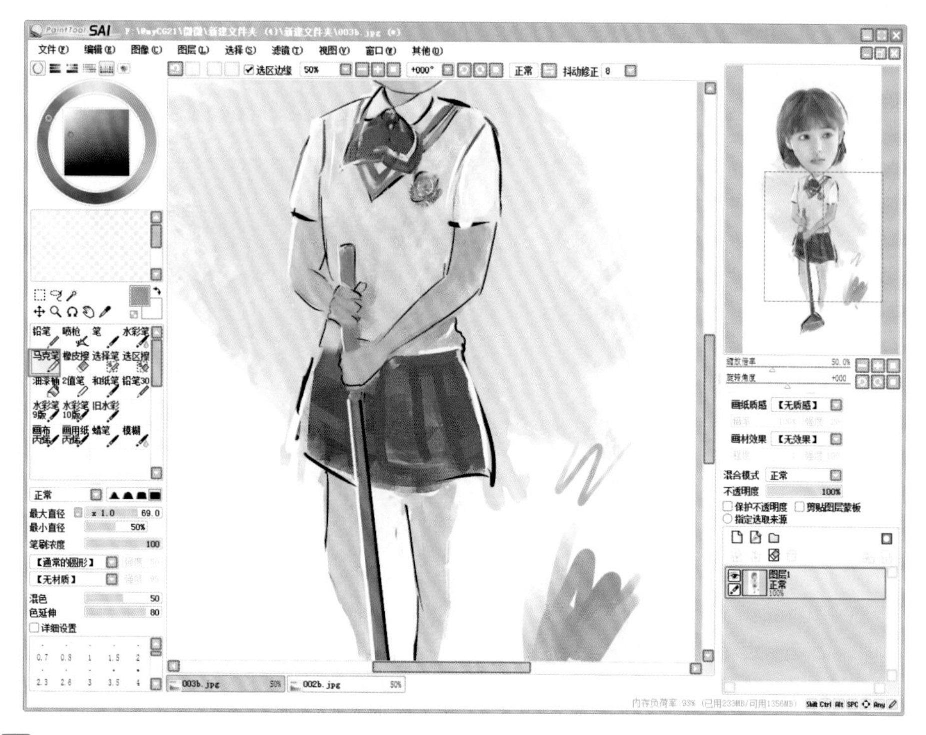

09 在 Photoshop 中打开，按快捷键 Ctrl+J 复制图层，图层模式设为“柔光”，使色彩变得鲜活。

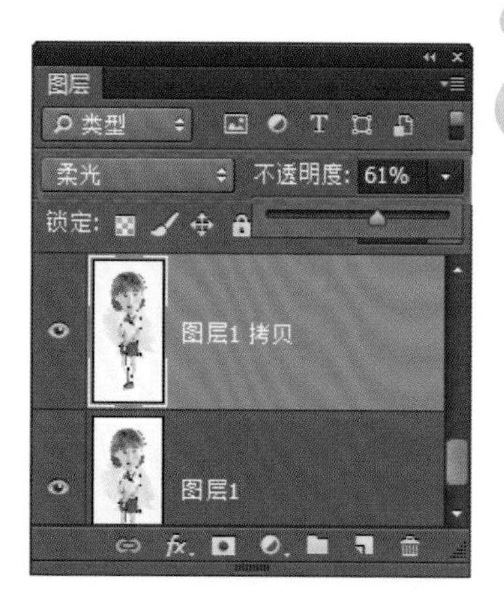

10 用柔边喷笔画出红脸蛋儿，用圆头笔画出脸蛋高光和头发反光。对圆头笔适当地降低“不透明度”，同时按F5键调出“画笔”面板，“形状动态”不选，在“传递”选项卡中，“控制”选项设置为“钢笔压力”。

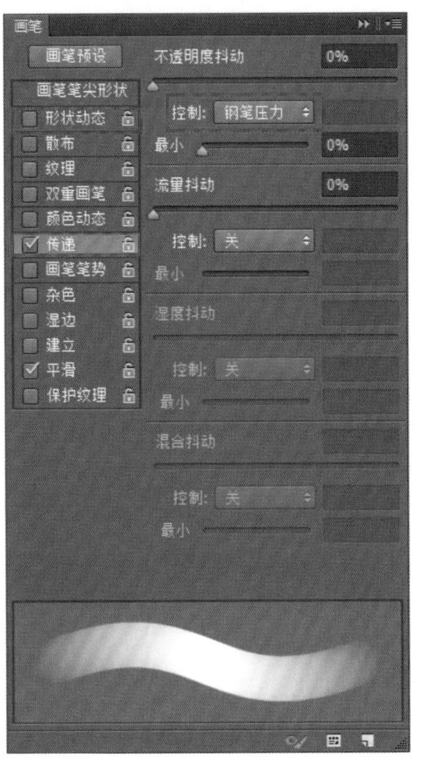

11 选用粗糙肌理笔刷在衣服上轻涂几笔，反映出棉麻针织等布料质地。

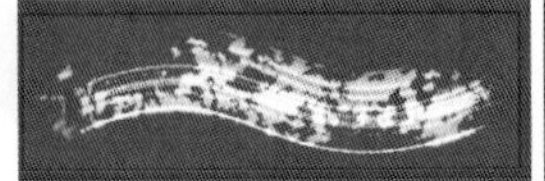

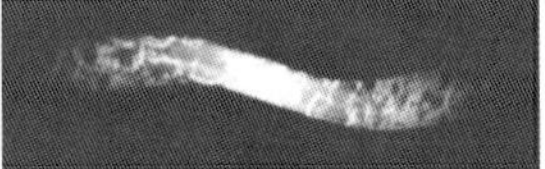

12 选用圆头笔，按 F5 键调出“画笔”面板。在“画笔笔尖形状”选项中，调大“间距”，使笔迹形态从线变为不相连的单个圆点。在“形状动态”选项中，调大“大小抖动”数值。在“散布”选项中，勾选“两轴”选项并调大数值。用做好的笔刷在画面中涂撒一些泡状点。

13 调整色彩平衡，并适当锐化，强化笔触。注：锐化后一些细节上的缺陷也会同时被强化，需要放大画面去检查并修复。

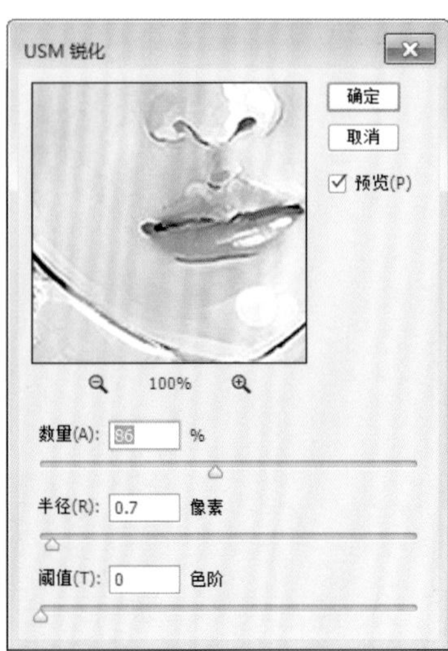

下面是笔者通过照片转手绘的方法做绘制出的一些美萌漫画人物形象。

6.7　天蝎男——人物头像

一幅头像作品，没有恢弘的场景，没有张扬的姿势动态，却往往给人以无尽的想象和回味。《戴珍珠耳环的少女》《蒙娜丽莎》的原型曾引起无数人的争论和猜想，成为千古之谜，但无疑其来自于真实模特。一幅写实作品，一些细节不能光凭借大概的印象和想象，参照真实世界才更有说服力。

01 找些帅气的头像照片作为参考，以黑白起稿，确定五官结构和明暗关系。

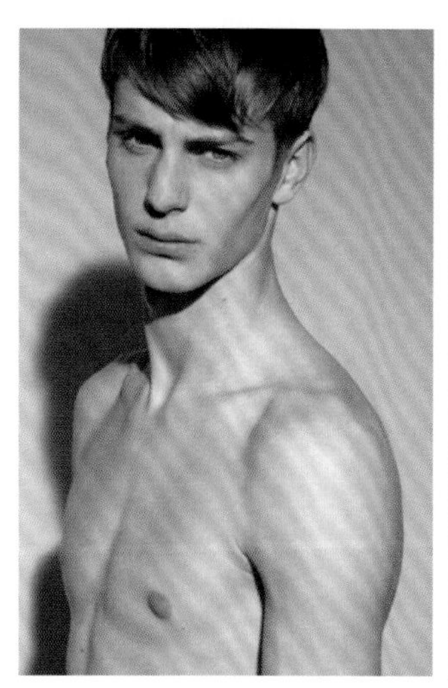

02 新建图层进行上色，图层模式设置为“颜色”。

提示

暗部以暖色替代死黑，这样画面不至于越画越脏。

03 一些明暗交界的地方有意识地加强对比，强调明确结构关系，如眉窝、嘴角、鼻子和下巴的投影。设定一个冷色左侧光，投射在人物的脸颊、喉结、鼻翼、嘴唇等凸起部位的右侧面。

04 确定光源为画面右上方。光的特性是沿直线传播并衰减的。建立“色阶”调整图层，拖动白色三角小滑块左移降低明度，蒙版从右上至左下拉出渐变。

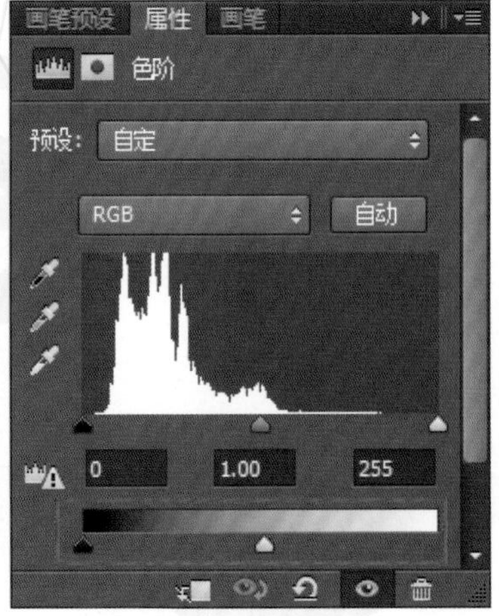

05 新建透明图层，画出肩甲上的几个铆钉扣，再复制图层得到更多。

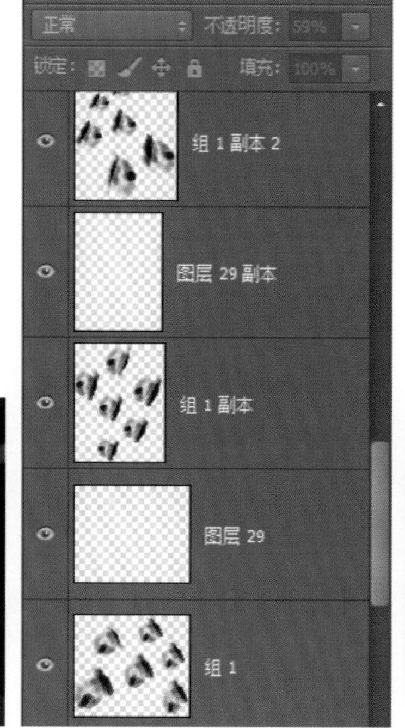

06 用“多边形套索工具”，设置羽化值为 0，勾画肩甲锥钉，给人硬朗的感觉。

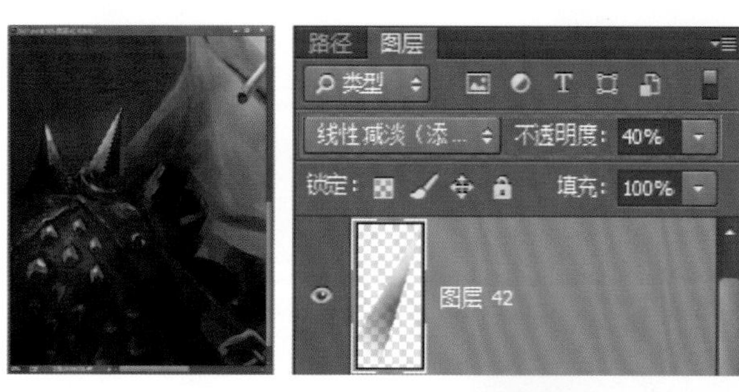

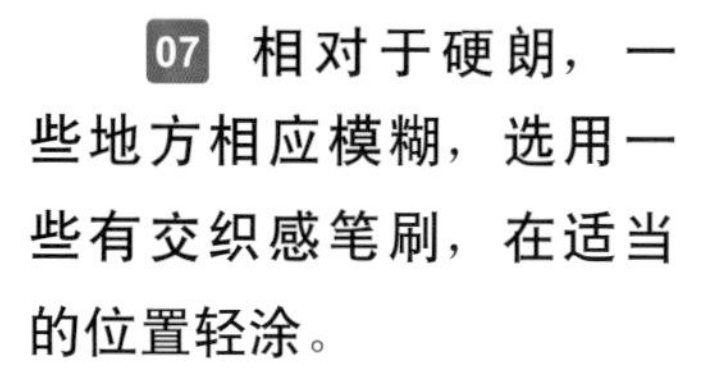

07 相对于硬朗，一些地方相应模糊，选用一些有交织感笔刷，在适当的位置轻涂。

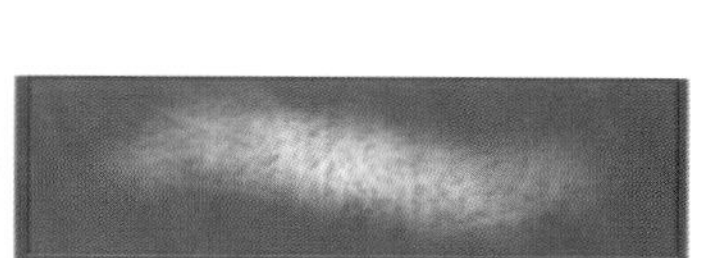

08 画出发丝、睫毛、香烟的投影，可以适当锐化一些位置，如耳钉、睫毛，增强硬的质感。

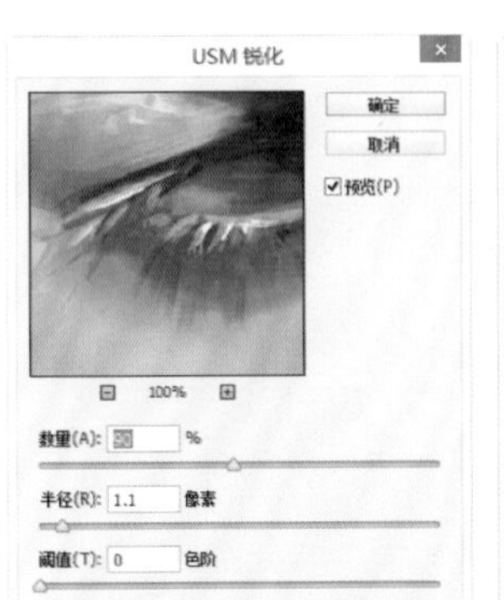

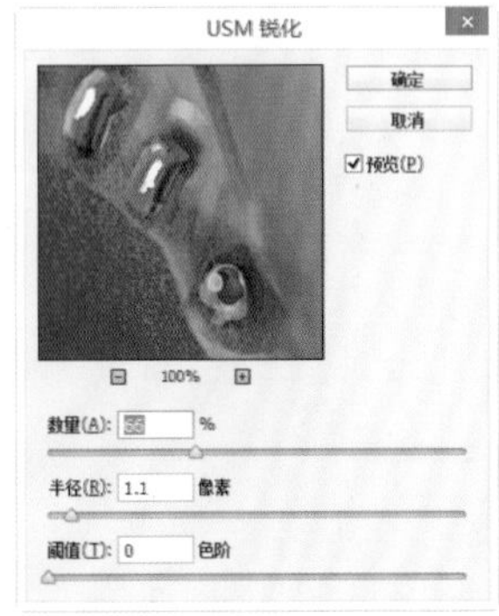

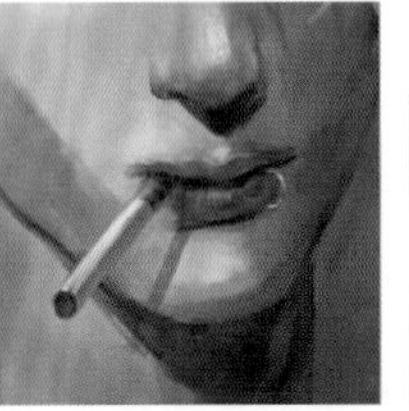

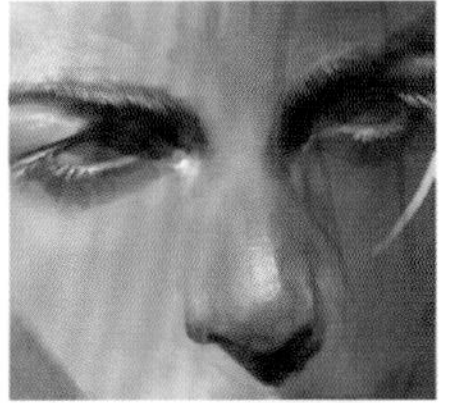

09 逐步修饰和刻画的同时，时不时镜像画面，发现一些直观看上去不舒服的地方，随时调整。

10 可以在暗部加些高亮的带肌理质感的纹理，使其不单调，隐含着自发光的感觉。调整图层模式和不透明度到感觉合适，不要太跳，隐约可见。同时选择图形笔刷画些配饰。

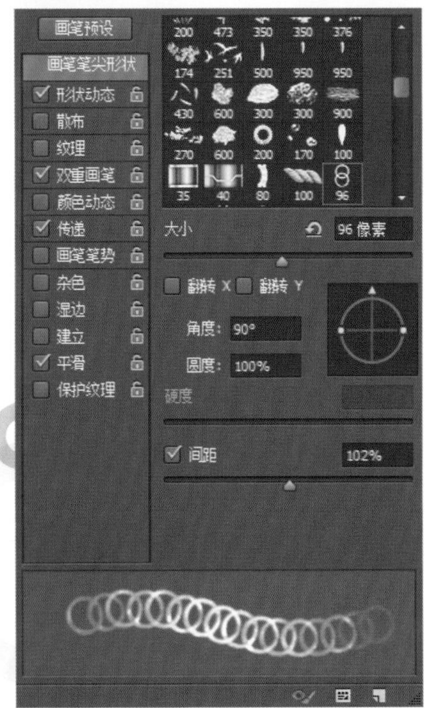

11 此时突发奇想，画上一条辫子，又联想到蝎子的尾巴，于是在网上搜索蝎子图纹，制作一个胸前徽章，设置浮雕图层效果，并适当变形，调整图层模式为“差值”。

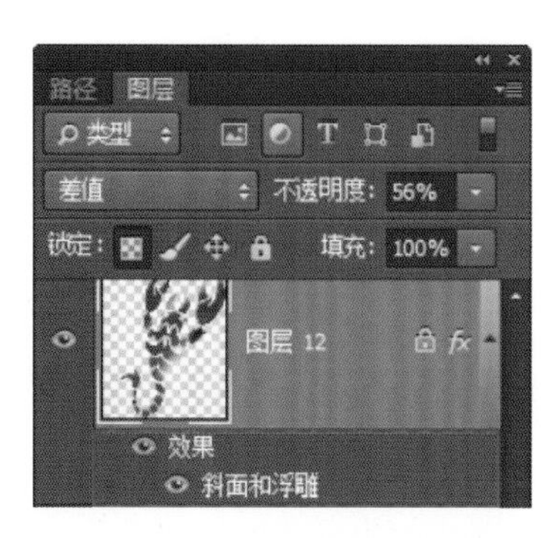

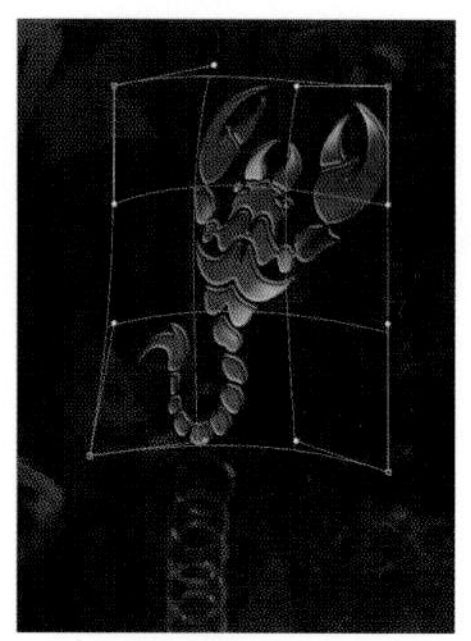

12 尝试在画面上新建各种调整图层，如色阶、曲线、色彩平衡……凭个人色感，在此过程中有时会发现一些意想不到的效果，有时却会走火入魔，眼花缭乱，甚至盯久了感觉自己快成色盲了。

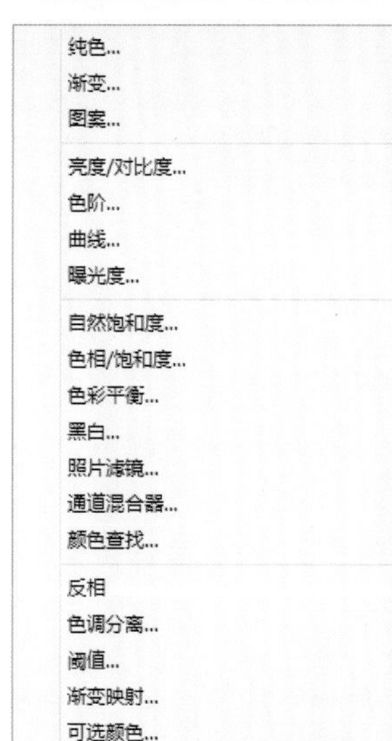

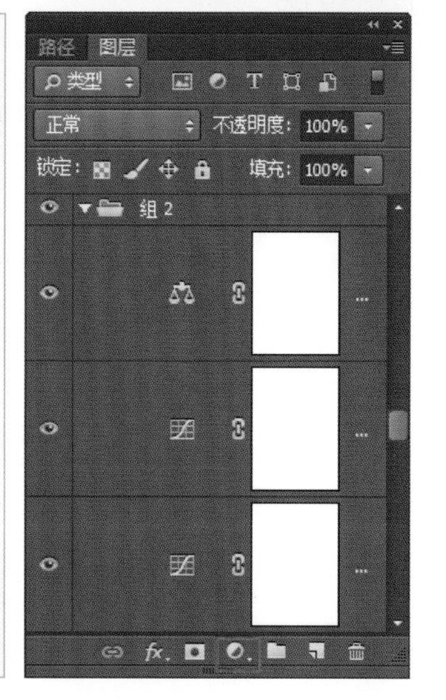

提示

这个过程中有时需要你先把画放下，转移目光做些其他的事情，甚至调整后隔日再看，很可能当时觉得很赞的效果，再次去看时觉得色彩光怪陆离惨不忍睹。除了经验，创作效果和当时的环境光线、个人心情甚至健康状态，都有关系。

13 拖拉变形肩甲，使之产生一定的弧度，符合肩部的人体结构走势。

14 选用“涂抹工具”，用排纹笔刷作刮刀刮色。

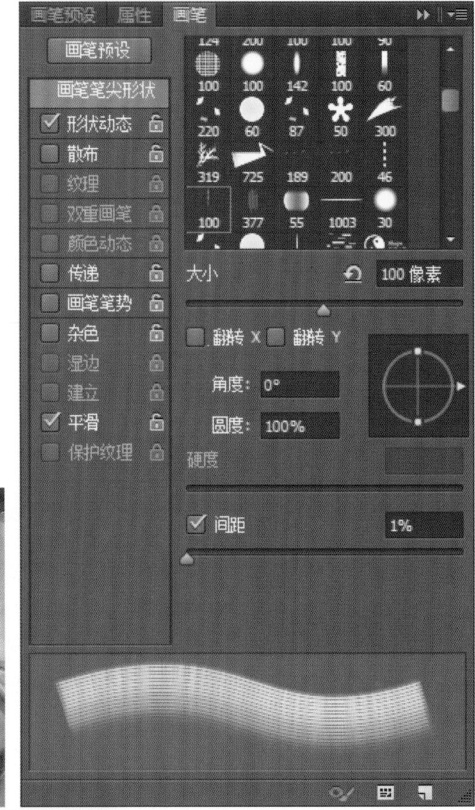

涂抹工具 n条刮笔子

15 用柔笔画出薄薄的烟雾和投影。

16 合并图层后，用提亮工具提亮一些区域，使之有些高亮的感觉。

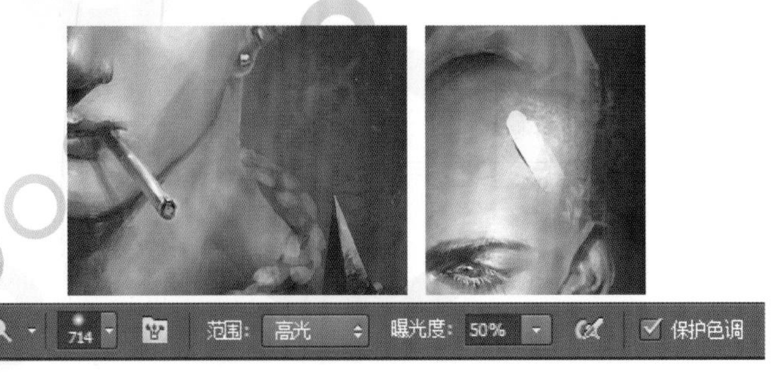

提示

离光源最近的创可贴高亮的表面，与皮肤之间微逢产生的投影，反映了不透光性的同时，也产生了一个精致的小细节。

17 执行“滤镜 / 渲染 / 光照效果…”命令进行调整，使画面中心主体更突出。

6.8 照片转手绘 III——厚涂油画风

“照片转手绘”是继“美颜”之后流行的一种艺术娱乐形式，把照片通过一定的CG绘画技法用画的形式呈现出来。不同于“美颜”的是，转手绘后的图片画的味道更多一些，艺术性更强。不要以为照片转手绘只是单纯地在原来的照片上涂抹，那样软件滤镜的一键功能就可以做到，而是要用绘画的知识去提炼概括和描绘，从色彩、笔触和质感上强化和夸张，绘后的效果取决于画者的绘画基本功和艺术水平。

在商业写实绘画中，通常也需要借鉴一些照片作为原始参考，画家再以自己的视角取舍照片，升华加工为新的作品，所谓原始参考照片，就相当于达·芬奇绘画蒙娜丽莎时对面坐的原型人物。

01 选用图中所示的笔刷，用于起稿软硬适中，融合度好，又带有一定的绘画肌理质感，被许多大神级画家使用。

笔触大胆随意些，不要考虑太多细节，重点在对颜色和结构的概括和大笔触的排布。

提示

如果不是为了绘画基本功的训练，从高效准确的角度，可以在照片上直接吸色叠画，会节约造型和配色的时间，从而把更多的精力花在作品表现上。不要过多地计较争论是画的还是照片改的，我们需要明确的是，这不是考试，不是手绘比赛，所以谈不上什么“作弊”，高效准确地最大限度达到最美好的呈现是我们的终极目的。诚然如果作为绘画基础训练，无疑这是种自欺欺人的方法，偷懒的方式会羁绊你技能提升的脚步。

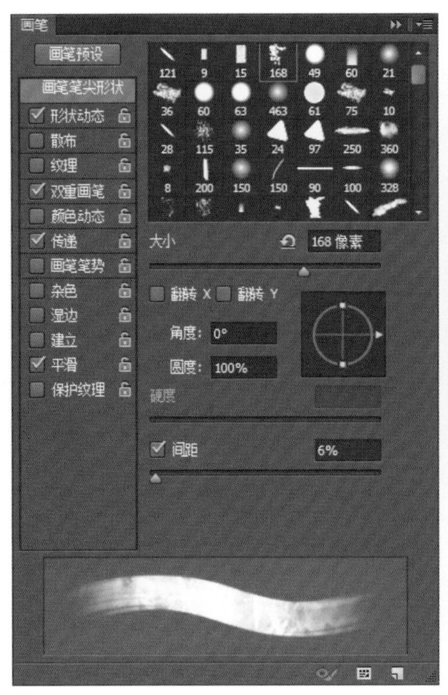

02 缩小笔头，画出五官细节，同时吸取白色，画出鼻翼，嘴唇凸起及额头等凸起部位受光，可以适当夸张。

03 以泼溅等肌理笔刷增加画面的灵动。

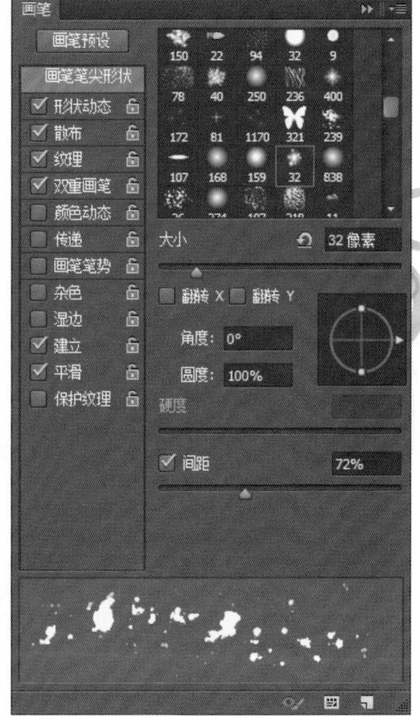

04 新建调整图层或合并图层后，调整“色彩平衡”，按快捷键 Ctrl+B 赋予画面暖色调，调整“曲线”，按快捷键 Ctrl+M 使对比度加强，人物更加立体化。

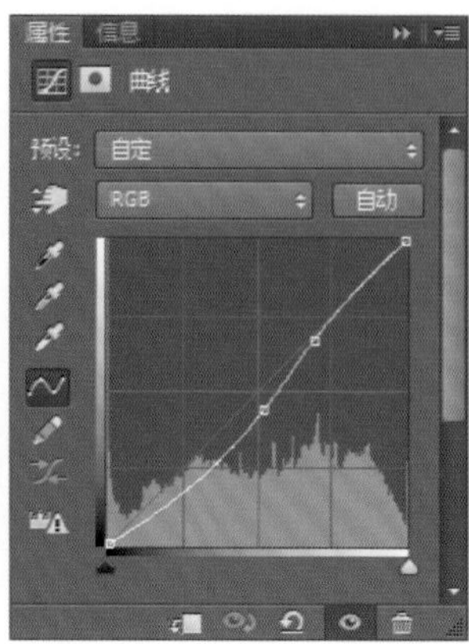

05 用硬笔刷缩小笔头“掐”一些结构点，眼角、嘴角、鼻翼尾部与面部交合处，这些位置往往是非常小的结构亮面与阴影的交汇产生对比很强的地方。“掐死”这些关键点，会事半功倍，使结构硬朗而明确。

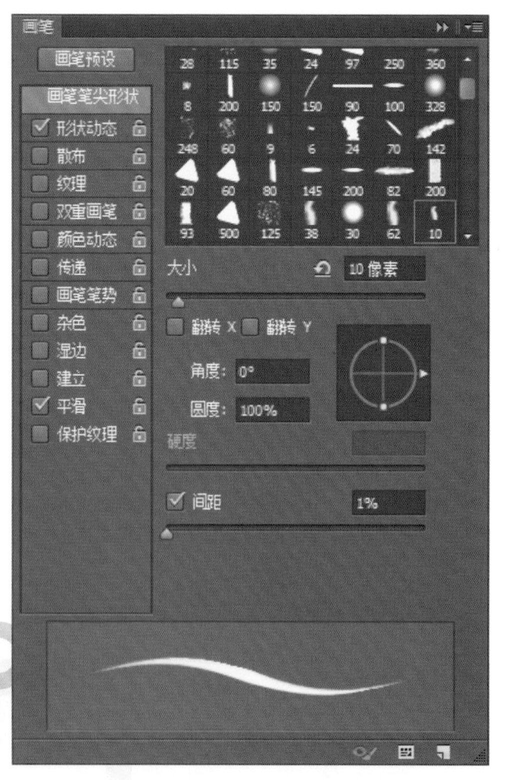

06 使用“液化工具”，对人物五官进行微调，通过五官的轻微调整可以塑造细微的人物情感。可以看出画者已经脱离了原有照片，开始对画面赋予一种情绪和感情，如微蹙的眉毛，有些迷离而又含泪的双眼，和那流淌出的一滴泪。

07 按快捷组合键 Ctrl+Alt+Shift+K 合并且复制图层，设置图层属性为“划分”，降低不透明度。减弱画面对比度的同时，使面面更加柔和。

08 放大画面，对面部再深入。用喷笔结合“涂抹工具”让面部皮肤更光洁，与周围的大笔触和掐点形成鲜明的对比，显得精致而剔透。

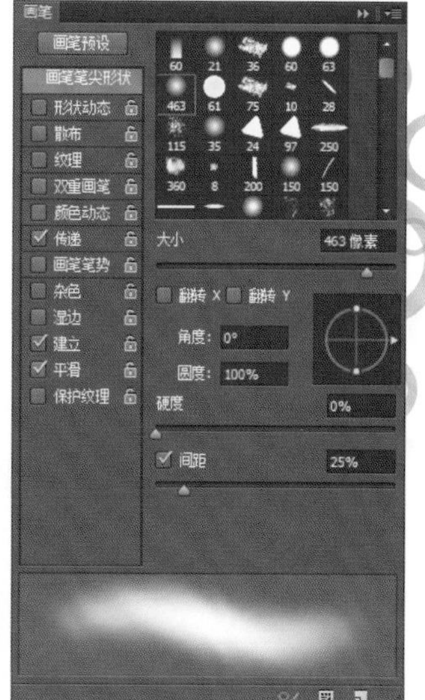

546　模式: 正常　强度: 99%　对所有图层取样　手指绘画

提示

到这里基本可以算一幅绘画感很强的作品了。我们可以继续尝试Photoshop调节功能，从色彩和光感上调整来激发寻找一些不一样的感觉。我们继续下面的步骤开始趣味性的Photoshop功能尝试。

● 尝试方案一

01 新建“可选颜色”调整图层，在属性面板中，调整红色参数。

02 新建“色阶”调整图层，在属性面板中，左移白色小三角滑块，画面整体变暗。在此调整图层的蒙版上用画笔擦除，透出底下原有的色彩，就像光照。

提示

可以理解为原本画面是全部受光的，我们把不受光的地方盖在阴影里了。

03 可以调整图层的不透明度来改变阴影的强度，从而增加或减弱光照与之的对比度，这样有一定光感效果的图就 OK 了。

04 拖入一个水墨肌理的图，调整大小到整个画面，设置图层模式为“柔光”，降低不透明度，擦除影响画面的部分。

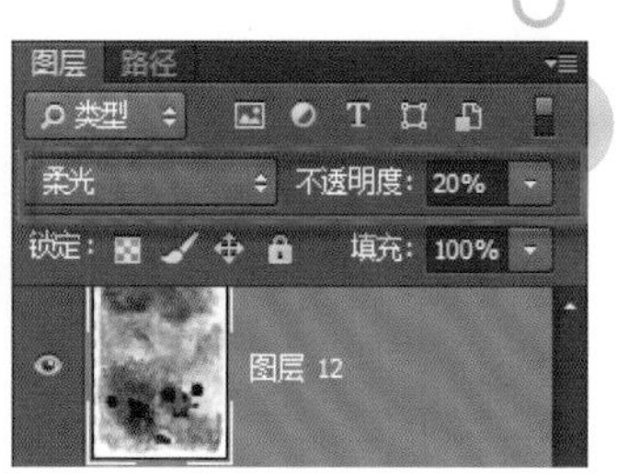

● 尝试方案二

01 新建调整图层“颜色查找”，点开“3DLUT 文件”右侧的下拉列表，尝试不同的配色预置方案，这里选定了“Crisp_Winter.look”选项。

02 再次新建“色阶”调整图层，将灰度条右边的白色小三角滑块向左移动，把画面适当压暗。

● 尝试方案三

01 新建“自然饱和度”调整图层，尝试适当提高画面的色彩饱和度。

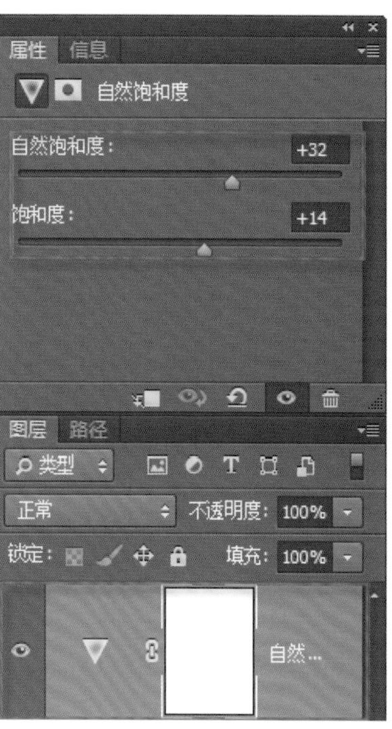

02 用白色硬边笔点亮耳坠、鼻尖、眼眸一些地方形成高光。

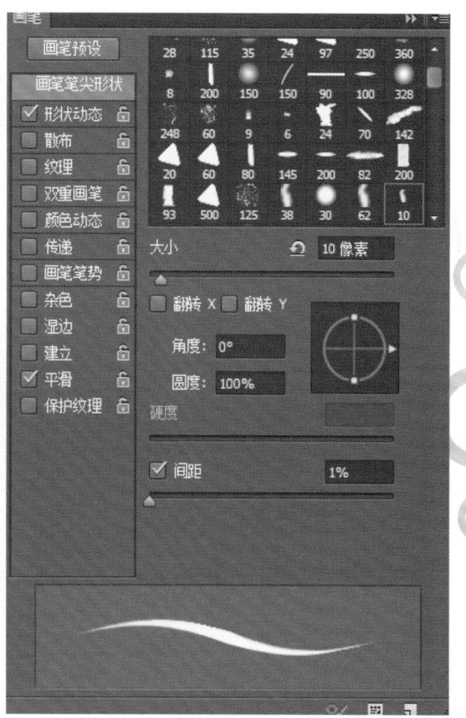

03 Photoshop CC 版本新增了“Camera Raw 滤镜”，是针对单反数码相机照片后期修图的一个插件，我们不必细致掌握它的功能，可以尝试使用它给画面色彩带来的一些不一样的风格。

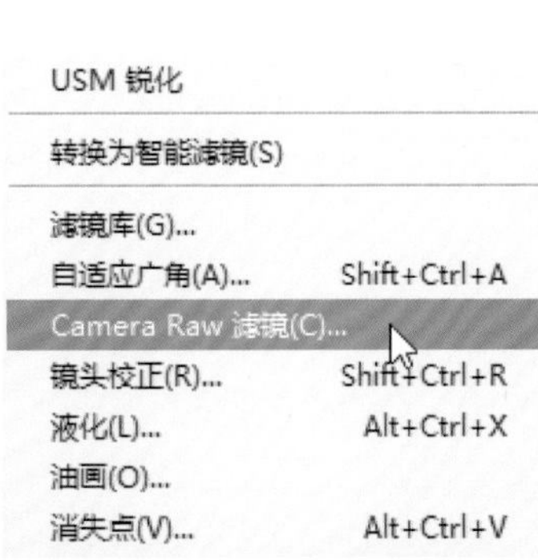

提示

每个人的口味喜好不同，所以很多调整并没有完全精确统一的数值参数，同时也和当时的环境、光线、心情等主客观因素有关。

一些风格化很强的色彩尝试，也许会让自己当时眼前一亮，感觉到一种突破以往的新鲜快感，但也许会感觉过于偏激，与自己惯有的欣赏价值观不太吻合。

6.9　萝莉斩——电影海报

电影是丰富我们感官体验的一个有效途径，一些我们现实生活中看不到的场景画面，经过导演、演员、摄像、灯光、化妆等人员的诠释和艺术加工展现在我们眼前。一些视觉的震撼无以言表，就让我们用 CG 绘画再现出来吧！

由《300 勇士》《守望者》《蝙蝠侠大战超人：正义黎明》导演扎克·施奈德带来的“视觉系”大作《美少女特攻队》，可谓一场炫目至极的暴力秀 。影片强劲的视觉效果、激烈的动作场面和极具诱惑力的萝莉都受到观众的青睐。电影中的真实取景少之又少，主角们的打斗大多是在假想敌人，幻想场景的视觉爆炸效果都应归功于扎克对绿屏 CG 技术的娴熟应用。

01 用暗色铺底，在“颜色”面板中色相 H、饱和度 S 不变的前提下，改变明度 B 滑块，用大笔触笔刷绘出背景的大概明暗关系，使之具有一定的空间感。

02 新建图层，用色块起稿，主要考虑人物造型结构和姿态，结合工具，擦出明确硬朗的结构边缘。

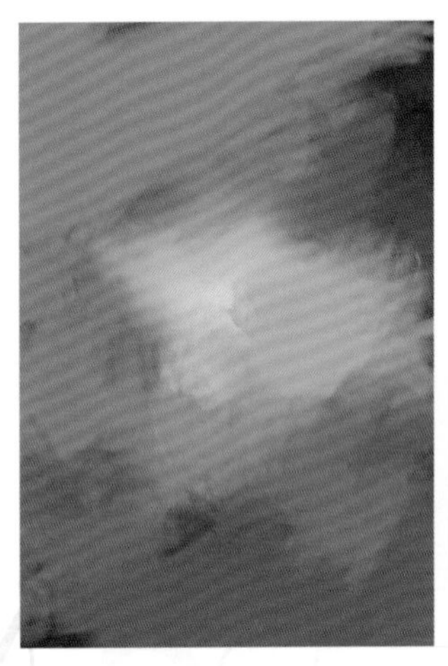

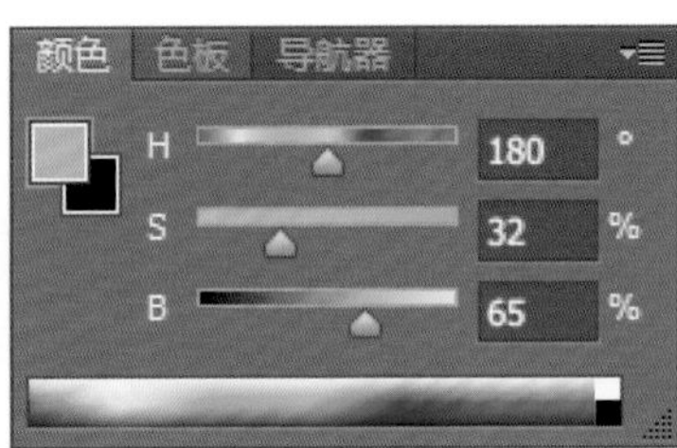

03 在不同的图层中绘制画面中不同的元素，女主角、魔兽武士、近景屋檐、远景建筑，分别在独立的图层，这样便于我们后期对各元素的调整和修饰。

04 细化主角人物，如衣褶，发丝等。刻画人物面部，使用“滤镜/液化”调出“液化”界面，点选面板左上角的“向前变形工具”，调整笔头大小，调整面部五官的位置和表情微差。

05 细化配角人物及背景建筑，选用斑驳颗粒状笔刷绘制恶魔武士盔甲。

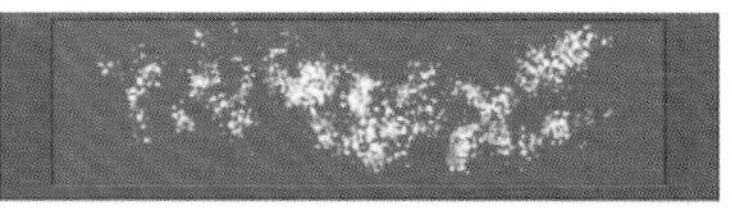

提示

武士在画面中为第二主角，是个重点角色，是全场暴力的集中体现。虽是远景但不容忽视，我们绘制的重点在通过侧后方受光，准确地表现其姿态，难点在既要概括含蓄地表现出其恐怖狰狞，又不能太过精细。他身上有很多石质盔甲的细节，但无须逐一描绘，在轮廓体积确定后，选用斑驳笔刷扫出即可。

概念艺术大师克雷格•穆林斯前些时间来华受访时提到“细节”时这样说：我所说的准确的细节是什么意思呢？比如我坐在这个地方，看我的头跟我的肩部它相关的位置，我可以稍微往前探一点，这就不一样了，然后坐直了又不一样了，就是这个意思。我追求的就是这种“准确”的细节。我说的细节不是指很小的东西，意思是你所关注的，你要表达的这个东西一定要准确。我说这个细节不是那种你细一点，再细一点，到分子、到原子的“细节”，这种“细节”没什么意思。比如我的胳膊，在一般人看来，它的细节是汗毛覆盖着它，可是你要再往深入里去分析，比如说胳膊里面的肌肉、骨骼，肌肉的运动状态。这些内在的东西才是我们应该追求的，而不是表面的那些汗毛。

06 画魔点睛。全画面的邪恶都集中在这双眼上了，以“线性减淡”模式选用红色来画，此模式下重复运笔会加强、加亮颜色，产生发光感。

07 按 F5 键打开“画笔预设”面板，勾选“散布”“双重画笔”等选项，构建一个斑驳沙粒状笔刷来绘制地面，并适当改用画笔模式为“线性减淡”来制造地面反光效果，调整图层不透明度以不太跳出画面为宜。

08 置入血渍泼溅图案，缩放至合适的大小位置，将其图层模式设置为“线性光”，使色彩更加明亮通透。

09 创建一个新的图层，使用雪花笔刷以“散布”状态绘制雨中夹杂的雪块。

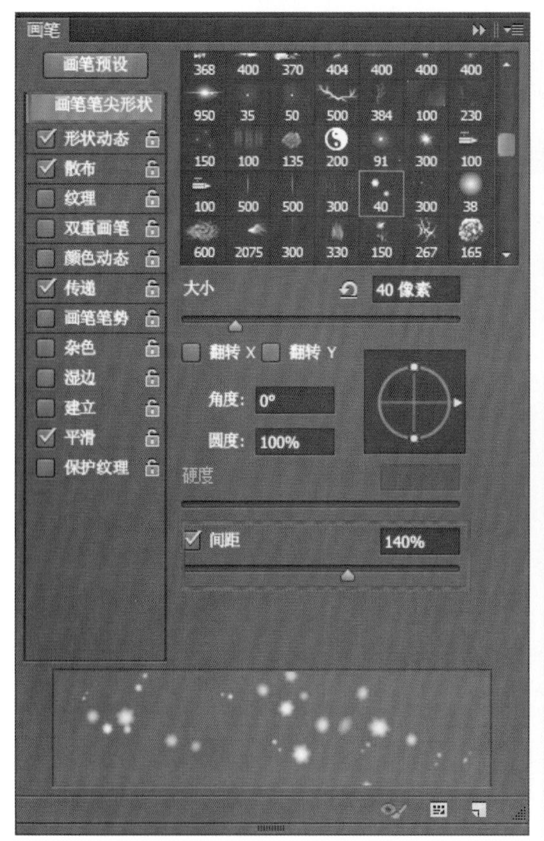

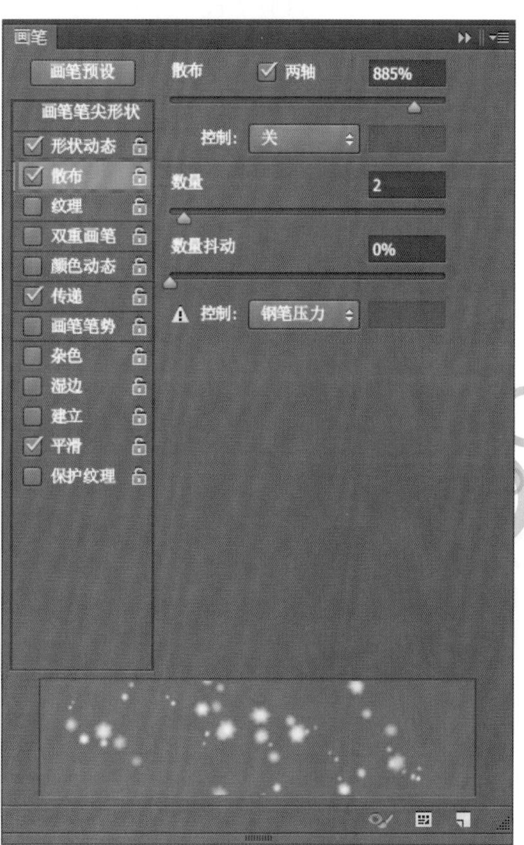

10 新建一个图层，设置图层模式设为“滤色”，用软边喷笔以“线性减淡”模式绘出武士激光枪火光，适当使用手指工具对所绘火光进行涂抹刮擦，使之具有流弹速度感。

11 创建一个新的图层，使用排线雨状笔刷自左上向右下画出雨丝效果，并调整图层的不透明度。

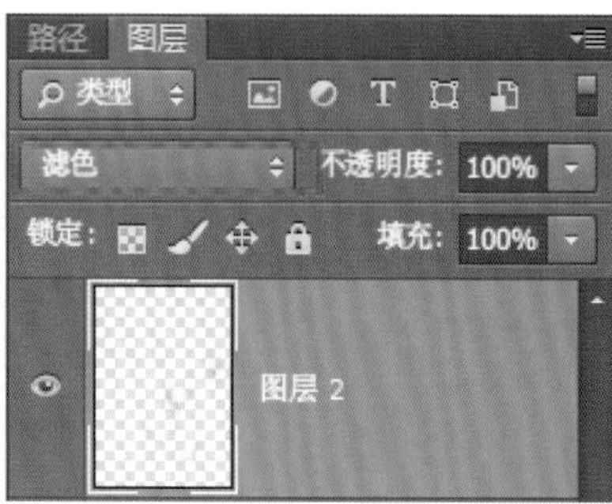

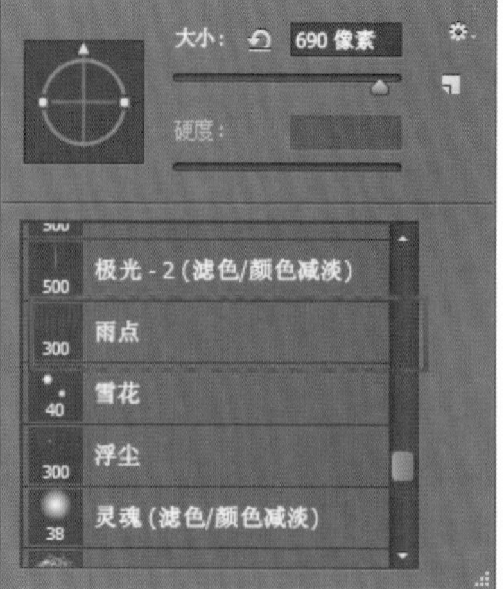

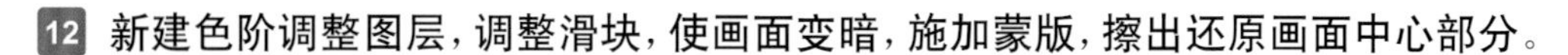

12 新建色阶调整图层，调整滑块，使画面变暗，施加蒙版，擦出还原画面中心部分。

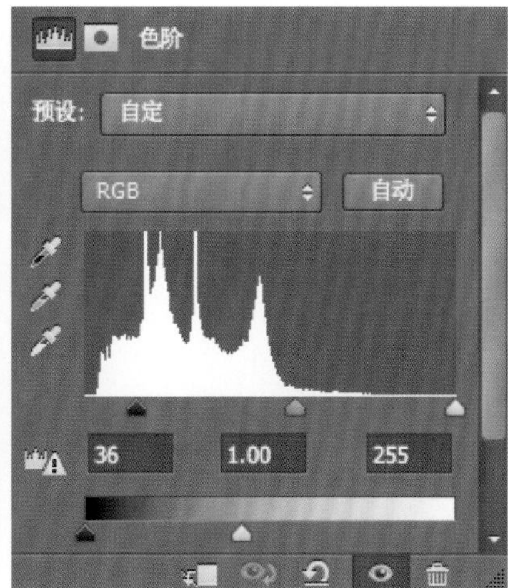

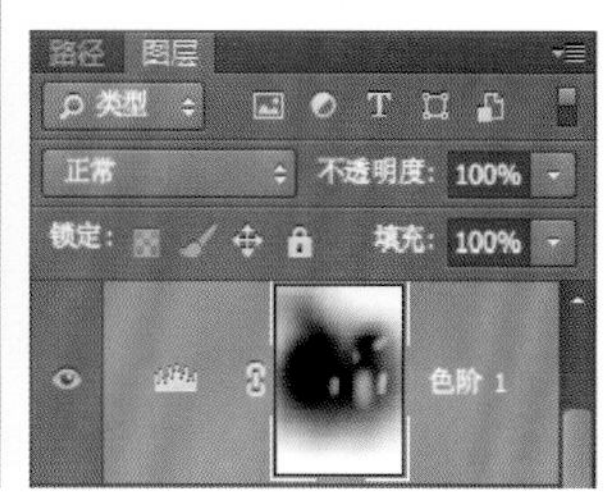

13 创建一个新的图层，选用“渐变工具”以黑色为前景色过渡至透明，自画面左上和右下分别向画面中心拉黑色到透明渐变，暗化边缘，使视觉中心相对明亮一些，以达到更加突出主体的效果。

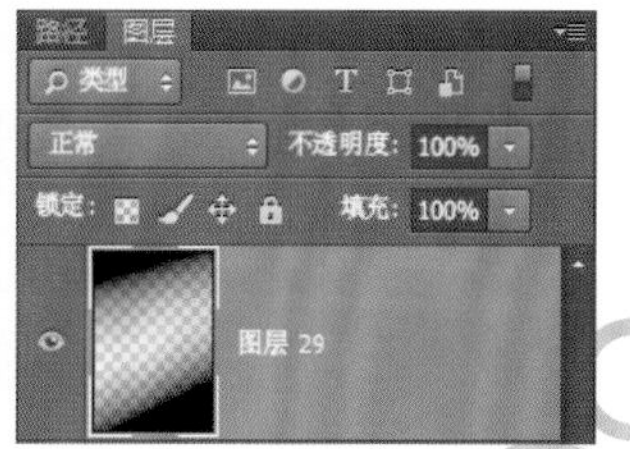

14 整体锐化，使近景主体人物更清晰，同时强化细节，使笔触更加犀利，同时使用蒙版还原远处景物。

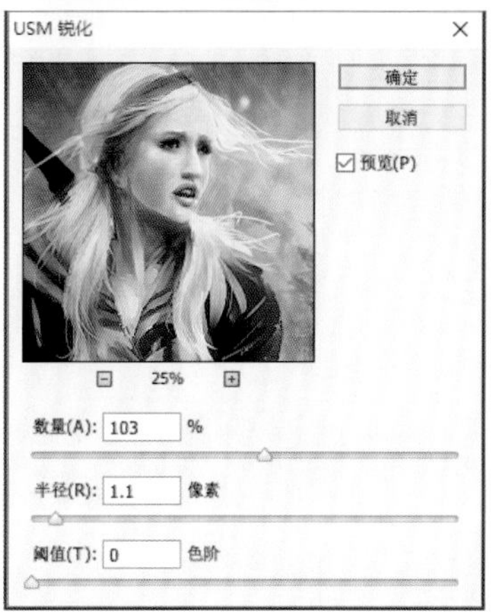

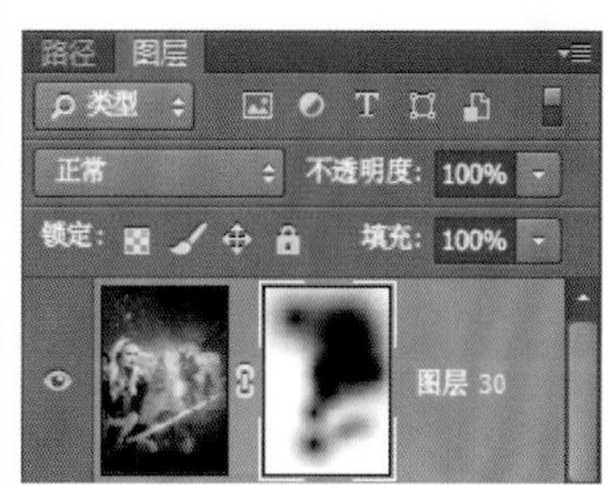

15 调整曲线，增强画面对比度，然后合并图层，用“减淡工具”做出刀的反光。

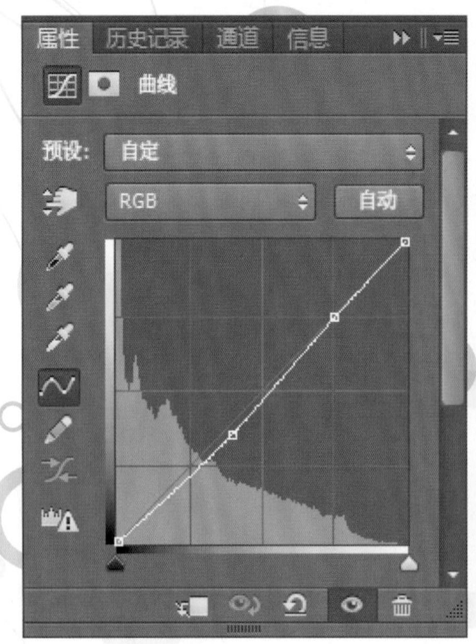

6.10　鸽女——奇幻伊人

很多朋友是从这幅作品认识我的，并有不少网友将这幅作品设定为电脑屏幕桌面。这幅作品是笔者几年前习画时的一幅偶得之作，当时在论坛作版主，看到一幅人像摄影很不错，于是转到论坛，组织大家以之为蓝本进行绘画练习，绘画的形式和方法不拘一格，当然我也以身作则带头起笔。

一些好的摄影作品往往凝聚了优秀摄影师对光影的把控，很值得我们学习和研究。而作品中的一些主体也值得我们去参考。写实类作品不能脱离现实，想当然地去刻画人物是不可取的，即便是达·芬奇画蒙娜丽莎也要对面坐个真人模特的。作为基本功训练，要尽可能画得很像；而作为创作，在参考借鉴过程中切忌死搬硬套，而应适当取舍，取优舍弊。

01 使用色块直接构建人物形体，用颜色区分大体边界。

02 使用“喷笔工具”对暗部进行加深，逐渐塑造体积感。

03 接下来使用小的笔触刻画五官，使其逐渐细化。

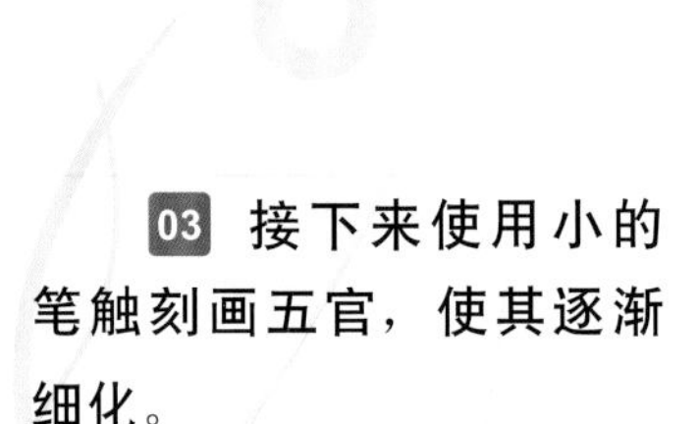

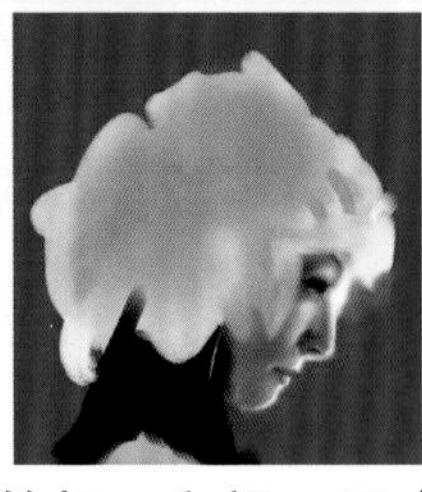

绘制到这里，笔者突然来了灵感，何不把她的帽子和裙子画成羽毛。于是百合仙子开始化身鸽女，一幅临摹练习开始转化为作品创作。很多时候，我们在创作始初并不能完全做到成竹在胸，即便可以，也有一定的局限和定式。而在绘画的过程中，会因一些过程中不经意间出现的笔触或效果，突然激发出一种想象力或感觉，顺延这种感觉，也许会开辟一条新径乃至奇径。正所谓“车到山前必有路，柳暗花明又一村”。只有走到这一步，才可以看得到，才可以想得到。于是你就得到了旁人寻之不得的所谓灵感。一定要画，不要光坐着死想，在动手的过程中调整、思索，一些意想不到的奇迹往往会出现。其实做事也是如此，光想不做永远不会成功，即便有困难，在做的过程中，也许因为时间点的不同或一些事情的发生，很多因素发生了变化，于是一些在想象中不可逾越的困难障碍，便迎刃而解，或在困钝之时，由于你的坚持而不攻自破。小绘画，大人生，在习画的过程中你会悟到如何做事做人，所以，爱画画吧！

回想起来，在此之前半年多的习画和尝试软件，基本停留在照片临摹的层面，而这幅作品的灵感闪现，成为我之后作品创作的开端。

04 使用毛发类笔刷来绘制毛茸茸的感觉。

05 为裹胸添加布纹，使用“图案图章工具”，载入“艺术家画笔画布”，选取一种布纹图案。

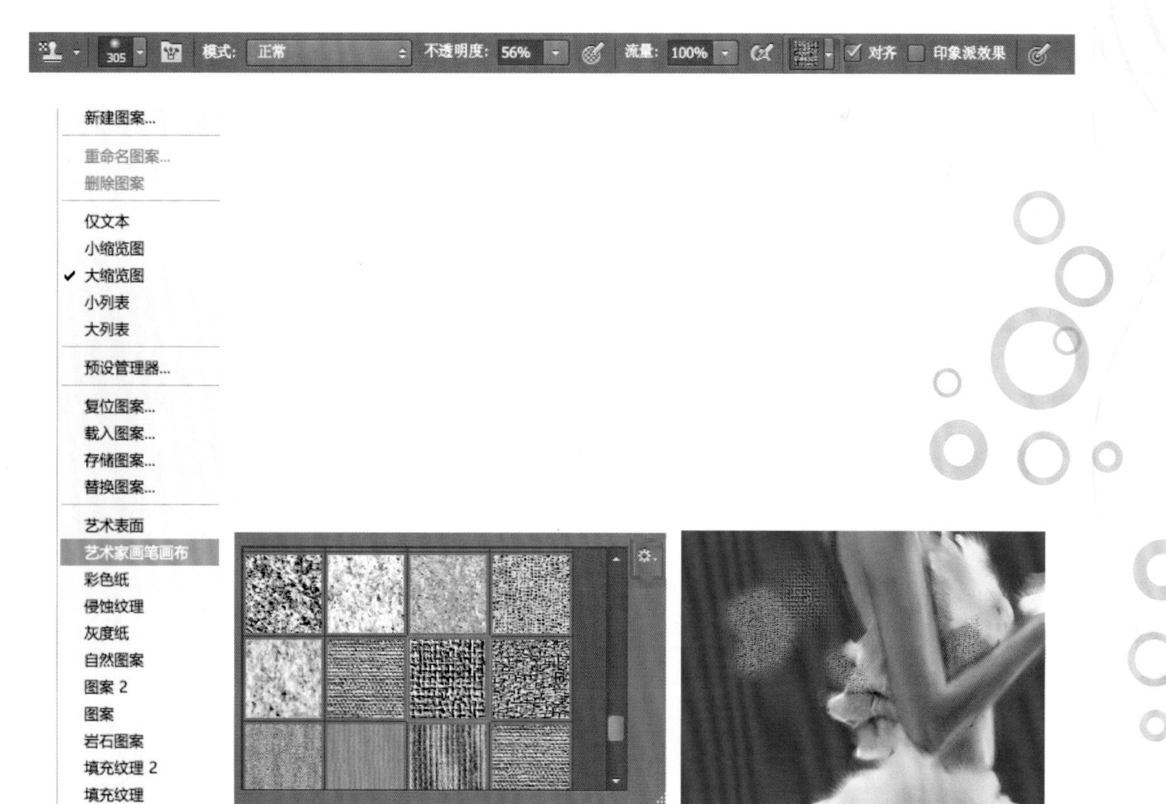

06 执行“图像/调整/变化…”命令，选择“加深黄色”和“加深红色”选项，改变起初的冷色背景，给画面一种温暖的感觉。

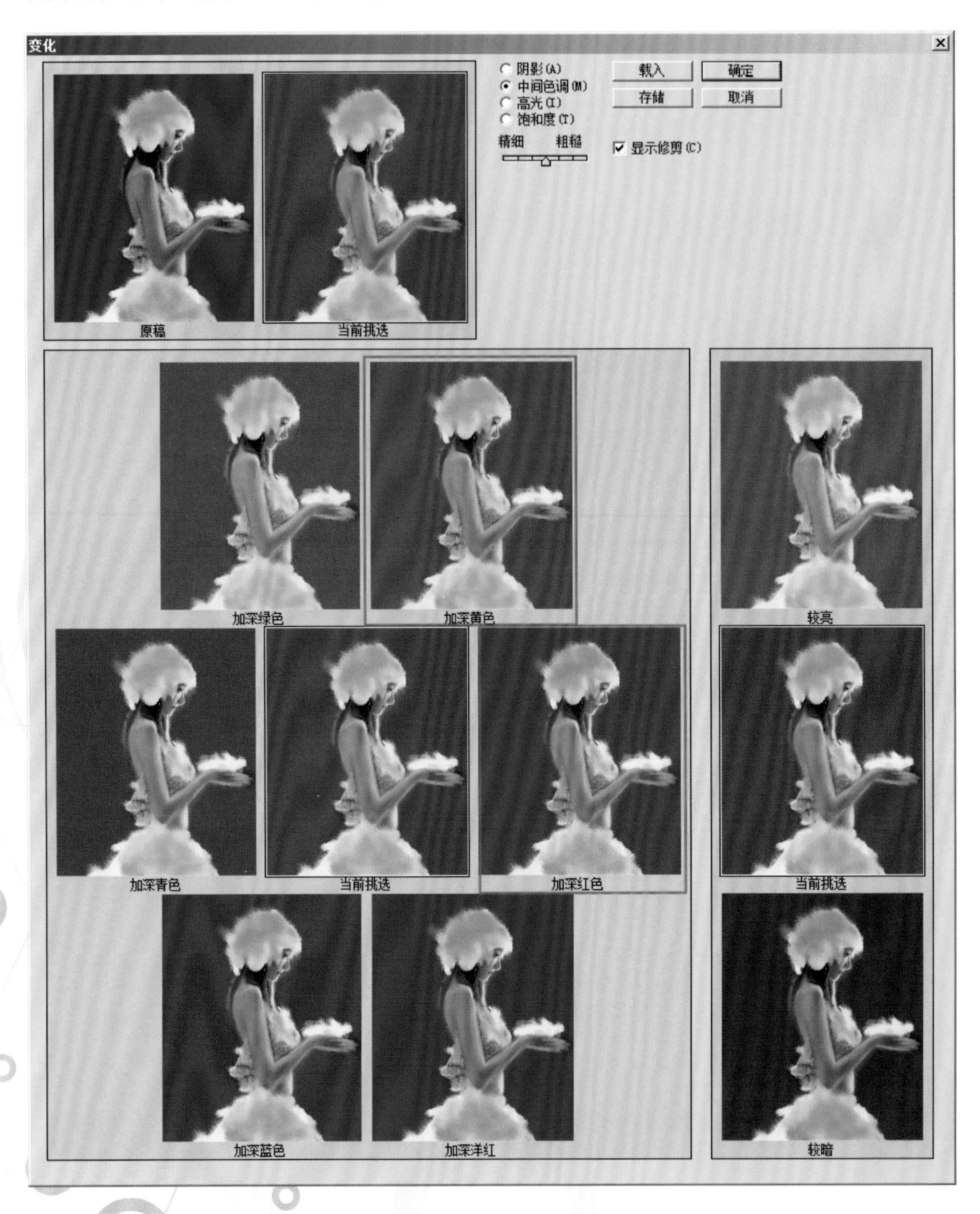

07 选择一张纹理图片来制作背景，拖曳至图中，按快捷键 Ctrl+T 调整图片大小与画面大小适合，将图层属性设定为“柔光”，适当调整不透明度。

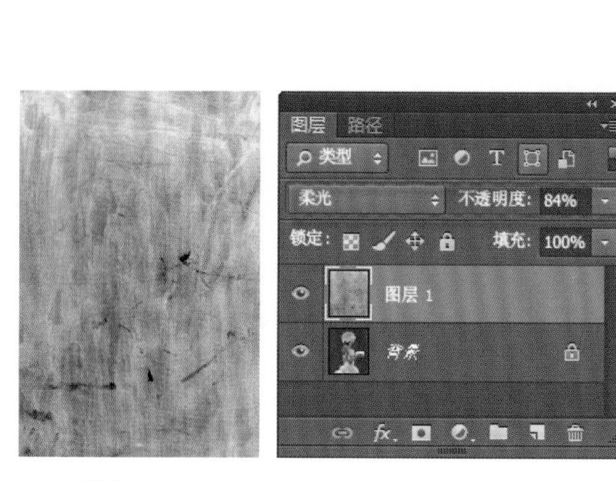

08 执行“图像 / 调整”命令，选择“色相 / 饱和度”选项，调整色相滑块，改变叠加纹理的色相以得到适当的效果。

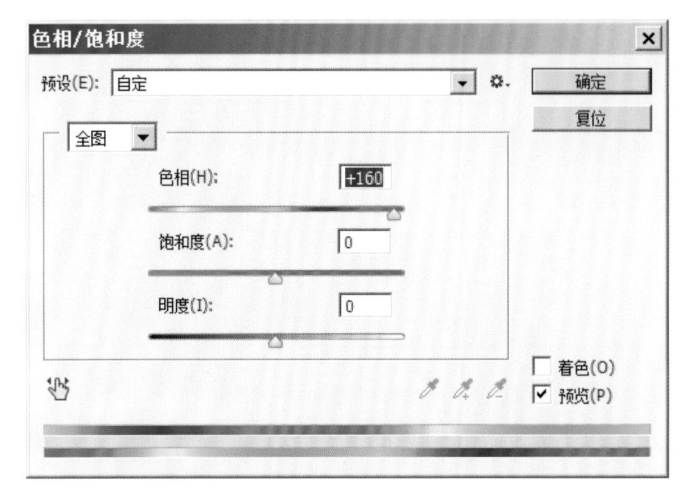

09 单击“图层”面板底部的“蒙版”按钮，为纹理图层施加蒙版。选用柔边喷笔，设置前景色为黑色，在蒙版上喷涂，以去除纹理图层遮挡住人物的部分。

提示

初学者应先预习Photoshop关于蒙版的知识。同样是在“图层1”，此处是对此图层蒙版的操作，如果单击左边的小缩图，将是对图层的操作，喷涂结果将作用于图层画面。

10 载入羽毛笔刷，在画面中绘刷羽毛，然后适当调整羽毛的角度、大小与位置。

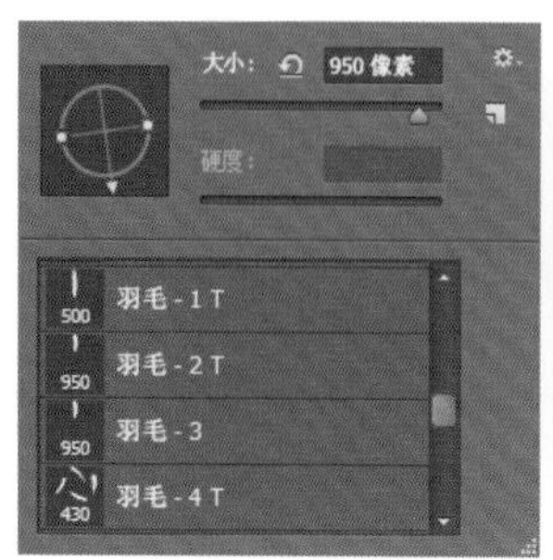

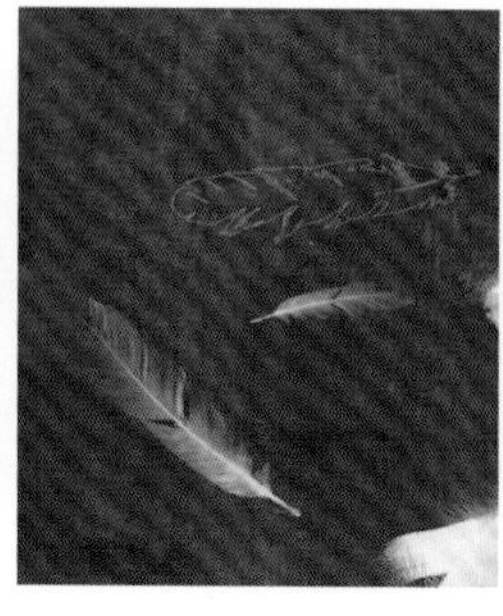

11 使用同样的方法创建一个新的图层，使用“渐变工具”从右上角向左下角拉出黄色暖光，并将图层混合模式设置为“强光”。

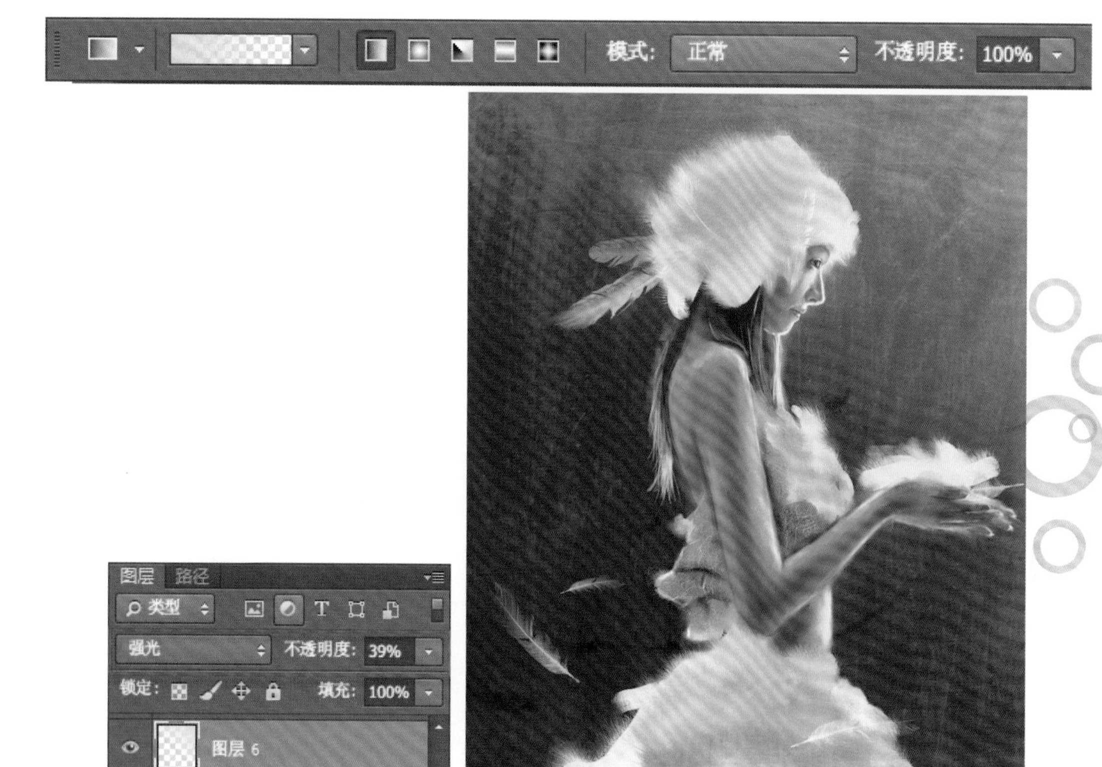

12 创建一个新的图层，使用“渐变工具”从左下角向右上角拉出白色冷光，并将图层混合模式设置为“颜色”。

13 继续着重深入地刻画人物的面部神态、手部细节，使用白色小笔绘制人物的发梢，使其具有一定的逆光的感觉。

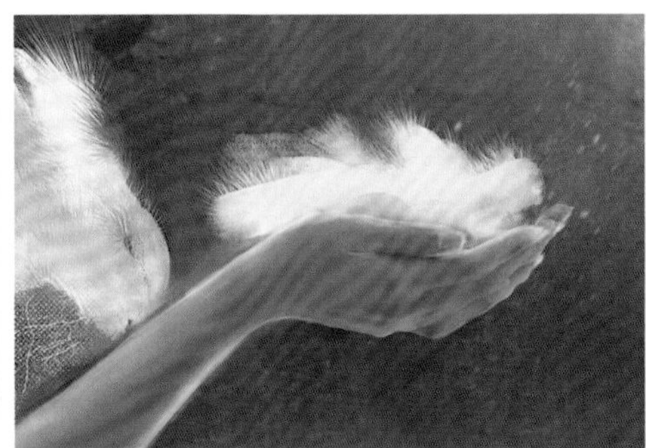
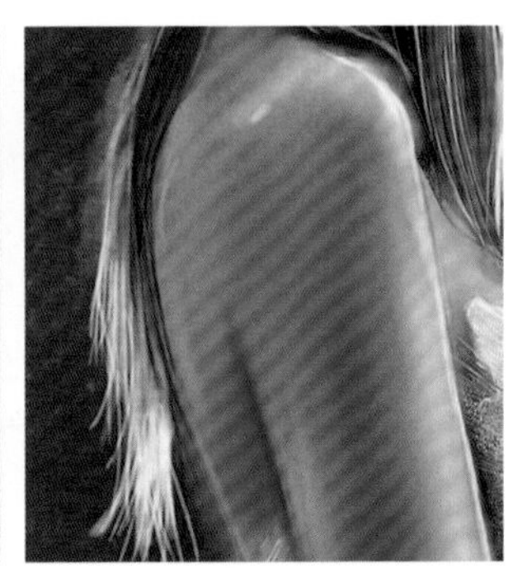

14 后来笔者对画面进行了扩展，加入了鸽子的元素，赋予画面新的意境。我们可以在网上下载鸽子照片或在公园等地方拍摄鸽子照片作为参照，研究其姿态特点，绘制鸽子。

提示

虽然说网络为我们提供了很大的方便，但网络不是万能的，现实生活才是活生生的素材库和创作灵感的源泉。观察生活非常重要，笔者建议读者多带着相机出去走走看看，会有很多素材和感触的收获，切忌把画画当作一种坐在画板前闭门造车的纯技术活。

15 选用一种杂点笔刷，将图层混合模式设置为“点光”，在鸽子翼翅周围绘制出强光颗粒，使其具有灵光之感。

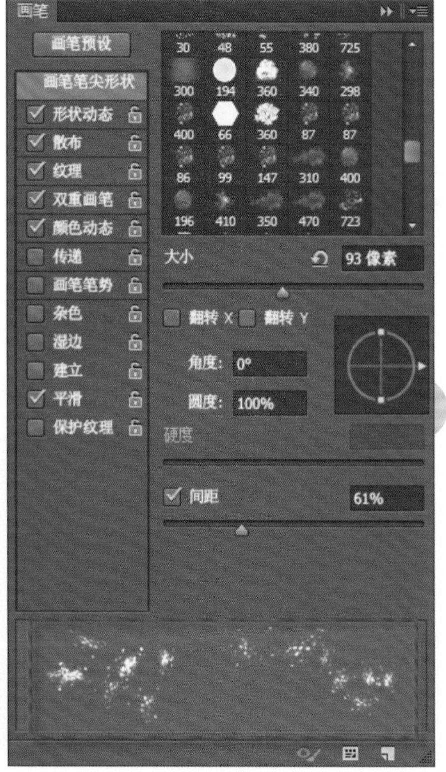

16 用雾状喷笔绘制一团云雾，然后复制成组，适当降低不透明度使其淡化，制作出一种烟雾缭绕、亦真亦幻的效果。

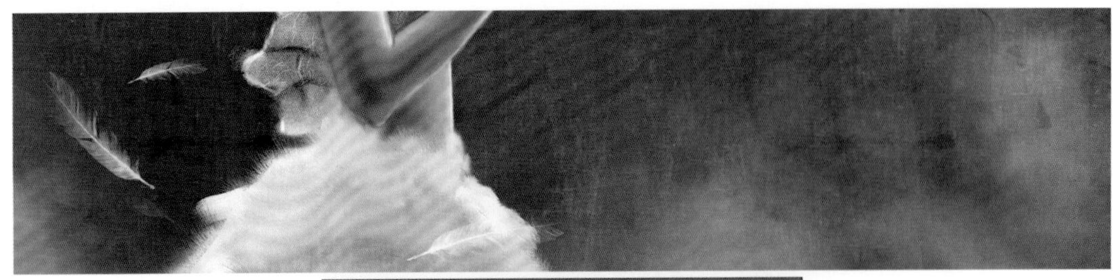

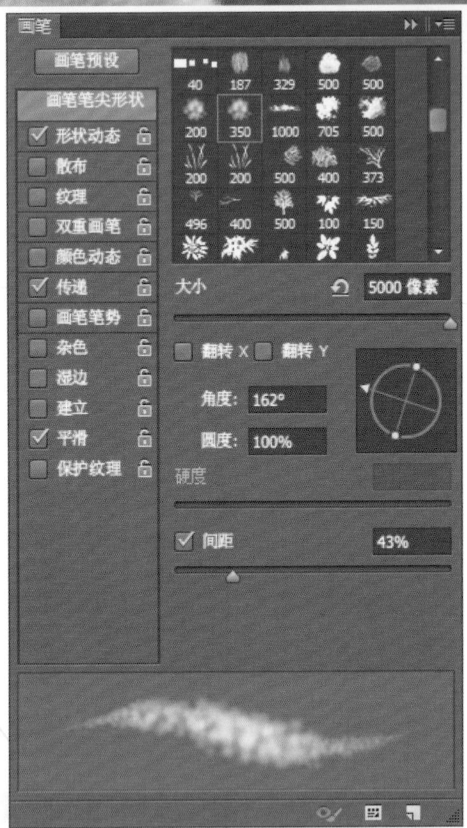

17 隐藏掉其他图像图层后，可以清楚地看到云雾的效果。

6.11　灵幻玄光——游戏角色

游戏宣传图、图书封面或者电影海报，往往会出现一组角色人物单独占一幅画，我们需要针对每一个角色的特点进行设计和绘制的同时，还要从构图、色调、使用元素等整体上考虑全套风格的统一与和谐。

6.11.1　收集资料

首先我们根据客户需求，分析信息查找资料，以下是客户提供的角色描述。

小师妹（清纯可人，有灵气）　图腾兽灵雀；

王妃（妖娆绝色）　图腾兽九尾灵狐；

赵雨菲（超凡脱俗）　图腾兽凤凰；

北墨（文雅的）　图腾兽灵蛇；

赵峰（青涩善良）　图腾兽气化的龙；

沈俊（戴面罩，肩部有一只猫）　图腾兽猫的进化兽。

以赵雨菲为例，女性，超凡脱俗，也就是女神了。搜索“女神”词条图片，各种美女扑面而来。除了脸面、着装、姿态，我们主要还是把控一种“气质”。

女神联盟
TGBUS

图腾兽凤凰。搜索“凤凰”图片，借鉴参考，进行取舍再设计。

6. 11. 2　起稿构图

用线或色块来起稿，确定构图。这里设定人物在前面下方，图腾兽在后面上方。凤凰有浴火涅槃的说法，选用红色为主色调，女主的白衣显示着圣洁，扬起的手臂，给人女神召唤光明的感觉。

其他画面都以此构图来设计，形成统一的系列，颜色上自成色系，但各占不同的色调。整体上有大的相同规律，又各有特点。同时要考虑兼顾人物性格与色彩冷暖等相关因素。

6.11.3 姿态参考

人物的姿态设计，可以亲身体验其动势和张力，一些人体结构最好有模特或照片参考，会更准确和生动。

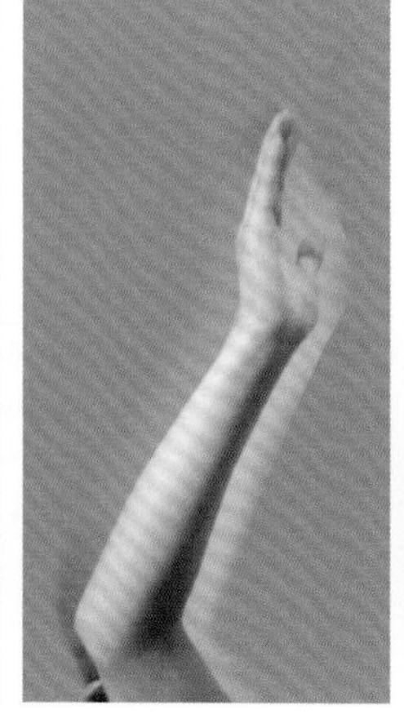
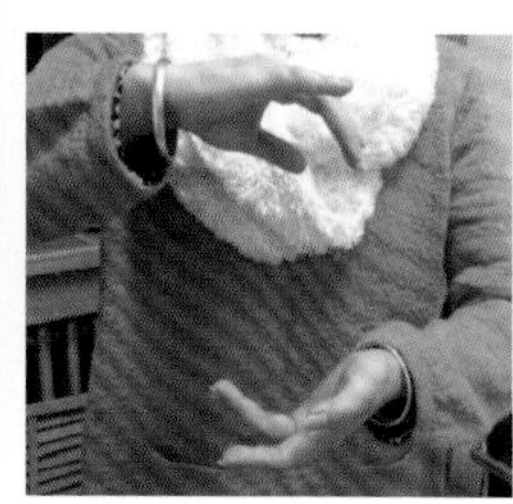

6.11.4　细节刻画

在草图的基础上逐步丰富细节内容，逐一深入细化。同样需要找些参考资料，如盔甲、饰品、衣服式样和纹理……

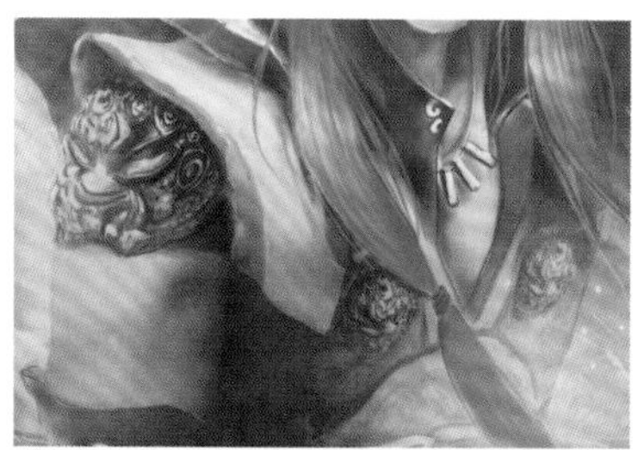

6.11.5　叠加材质

一些水、火、云、烟等，可以通过叠加材质图片或运用特效笔刷来实现。商业插画注重效率和最终表现效果，在不侵犯版权的情况下，可以使用图片进行叠加，但要看最终效果要求，是要偏照片写实，还是偏手绘感更多些，再进行调整和处理。

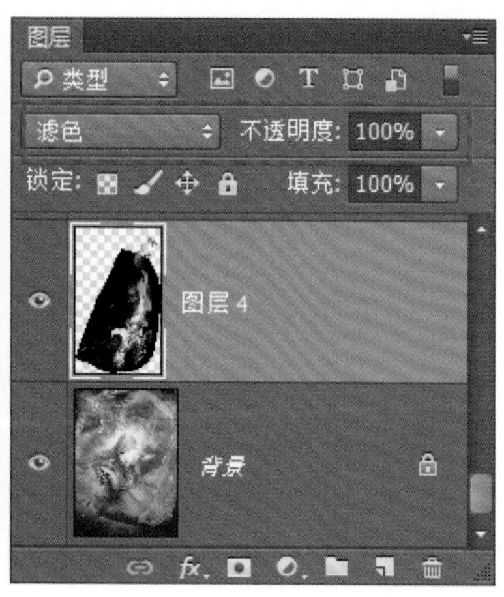

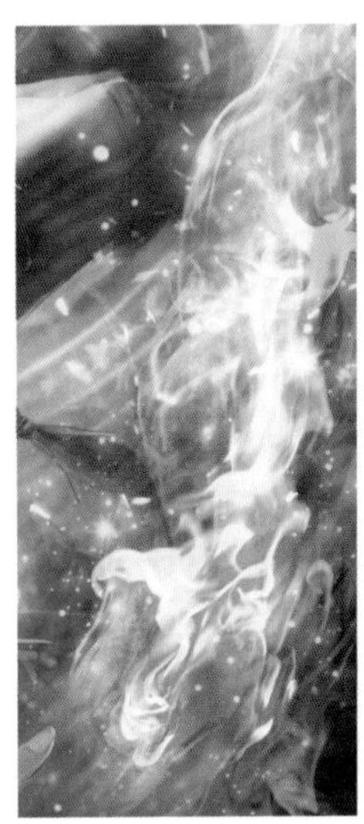

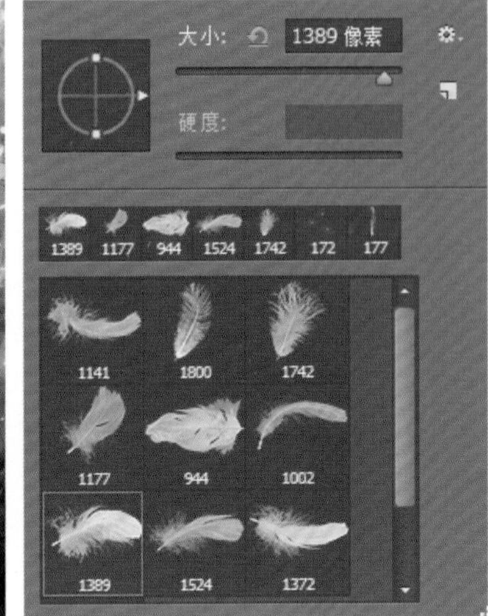

6.11.6 元素笔刷

一些星光和魔法阵可以通过特效笔刷来快速表现，把这些当作共同的元素出现在每幅图适当的位置，形成体系。

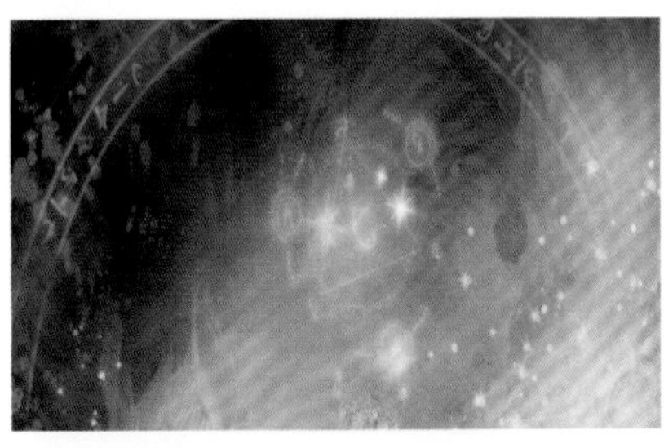

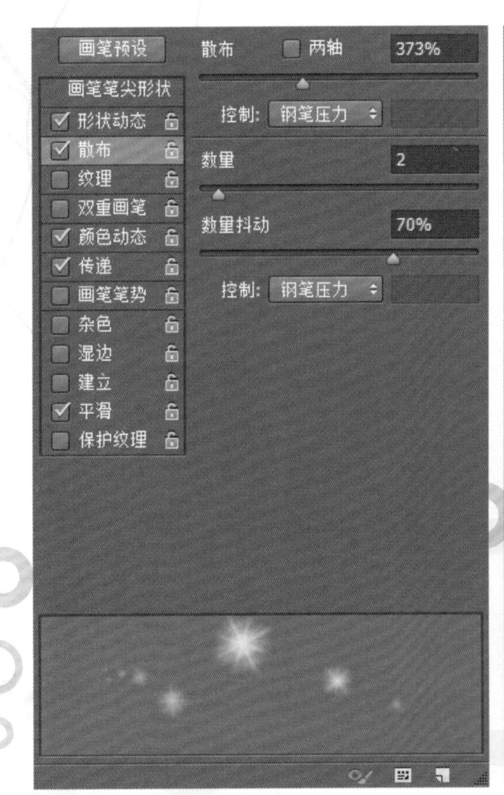

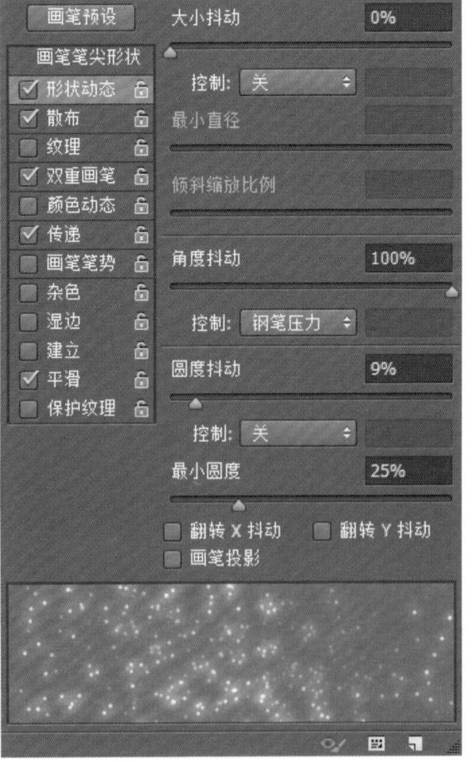

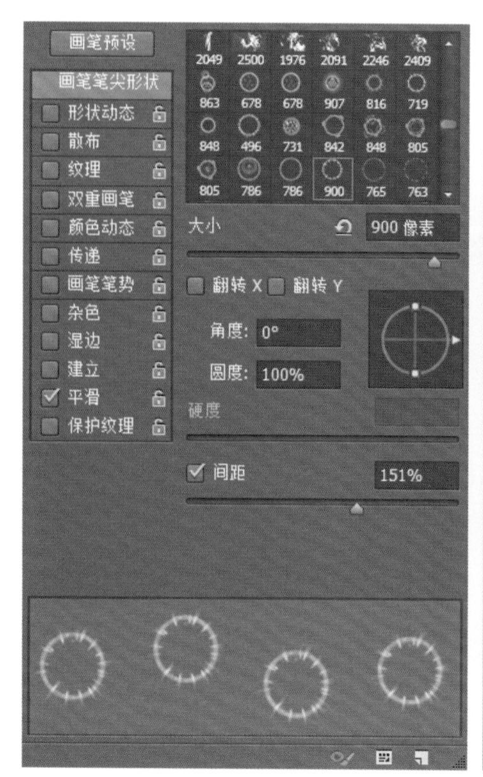
画笔预设
画笔笔尖形状
形状动态
散布
纹理
双重画笔
颜色动态
传递
画笔笔势
杂色
湿边
建立
平滑
保护纹理
2049 2500 1976 2091 2246 2409
863 678 678 907 816 719
848 496 731 842 848 805
805 786 786 900 765 763
大小
900 像素
翻转 X
翻转 Y
角度: 0°
圆度: 100%
硬度
间距
151%

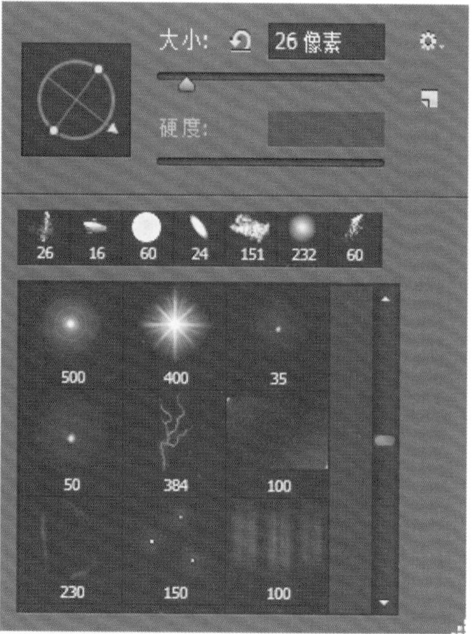
大小:
26 像素
硬度:
26 16 60 24 151 232 60
500 400 35
50 384 100
230 150 100

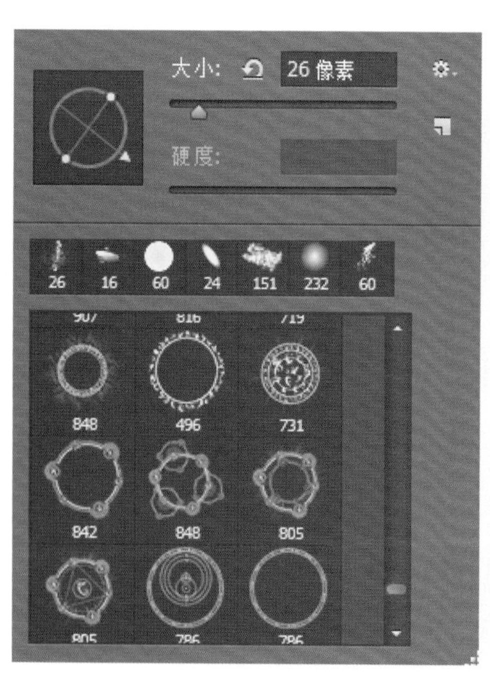
大小:
26 像素
硬度:
26 16 60 24 151 232 60
848 496 731
842 848 805

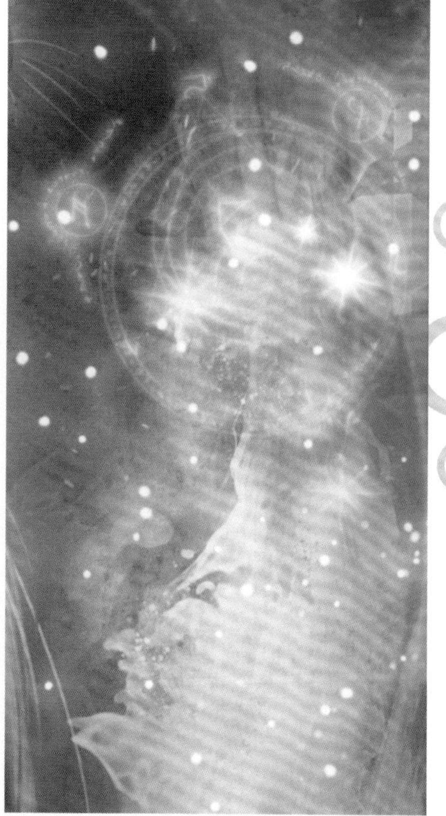

6.11.7 光感特效

通过图层模式“线性减淡”的叠加，可以强化一些强光效果，以体现能量的聚集和释放。

6.11.8 调整色彩平衡

最后统一调整色彩平衡，使每幅图的色彩更偏向一致。

第7章 如何进行作品创作

想要成为一个艺术家，首先应该是个杂家，除了绘画技法外，对于文学、哲学、社科、音律等诸多领域能通晓得越多越好，如果仅仅埋头于画技，那么就只能停留在技法的表面层次上。艺术家不同于美工、画手，更重要的是要有深邃的思想和巧妙的构思。

对于很多有绘画基础的人来说，把什么画得很像，其实不是难事。画其形，不难，关键是作品所要表现和传达的思想。就像一篇文章写得好不好，重点不在字写得对不对，语法词汇怎样，而是论述的思想内容。对于写实绘画作品而言，“很像”固然重要，但一幅作品能传世，是画面背后传达出的画家利用光影色彩表达出的思想和情感，这样的作品总能带给一代又一代观者心灵上的共鸣。

很多朋友都有同样的困惑，只能对着照片画，而不会创作；只能涂鸦，而形不成作品。其实，任何艺术创作都来自于生活，脱离不了现实。变形金刚、孙悟空，无论怎样被科幻和神化，也还都是离不开人形、车型、猴型。同样，我们也可以从其他艺术作品中汲取灵感。音乐、影视、摄影图片……都是对于生活的艺术加工和再造。同样的事物，不同的观者会因教育背景、生活阅历不同，而引发不同的感想。对于同一事物，自然会有不同的表现方式、表现手段、表现角度。 这也正是四大名著及金庸小说被一而再翻拍的缘故吧。

7.1 创建属于自己的素材资料库

平时注意收集各类素材，将自己的创作风格和兴趣着眼点的图不定期进行整理和备份。

可以把素材分为几类，如材质、例画、灵感、常用素材参考。

材质：各种不同的材质反映出事特的特征，也是写实画的一个亮点。在画一幅画中的某一种材质时，在旁边窗口打开一张同类材质的图片作为参照，会让你的画更真实并有说服力。

17a7a8a52c69ca62c990364f5b2bf8f1300ed3f9c311-9Sv0OT_fw658

60f1702545b5bd56cad35a978f67ecfdcbd9c702147bf-WPQlwc_fw658

0ba24f488453e6bead82bebdbeb879fa7d134c1ad610-ql7ibw_fw658

3cde62ef0e5ac1ee30a0c9a9281c5bf337810a5022947-6IRK4y_fw658

7d39296d0a4783353d2cef2da81c739dd45313db1ce9c-kwQrmu_fw658

5306c1d3gw1ejpwn3h7ltj20bf0h8757

17405cbe23e5ae187969626e1d32453037e06c46bb5a-yjoYpv_fw658

640 (1)

a8902f5af18198ef617c22e672d1a4916f7710742d72a-tj85gj_fw658

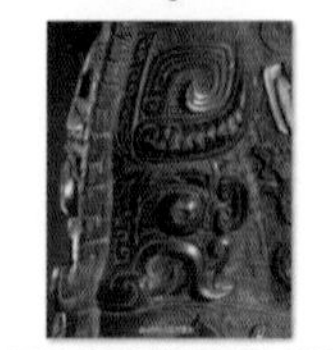
b87072e7gw1ekii6ulybaj20be0e8dgu

8c098fb7d65d136539e6acfd147e7c893b41ea25963b-UrKcGO_fw658

09ecd8bb96634ccd6c6ea26dac8c57c5139cea4333b61-0e02HB_fw658

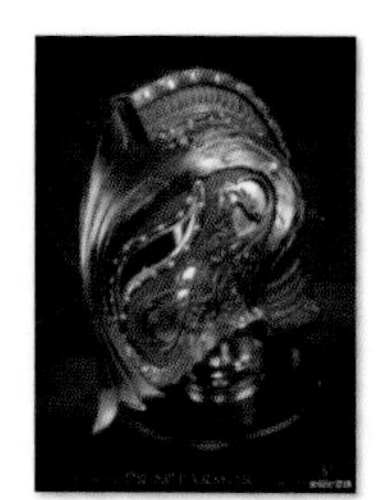
9d369144gw1f4qj9anfwvj20fo0lfmz7

9d369144gw1f4qj9b8c2gj20dw0ksq4z

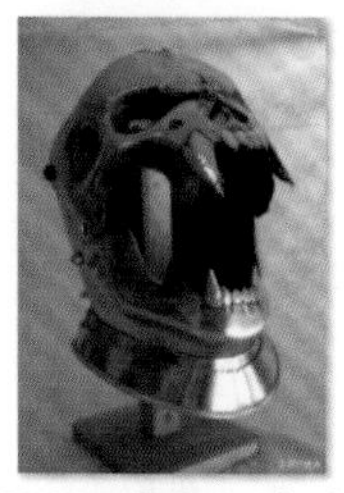
9d369144gw1f4qj9c2p2rj20dw0k3q3w

9d369144gw1f4qj9cc9nnj20fo0p0q4l

9d369144gw1f4qj9djfi5j20b40gnq3l

9d369144gw1f4qj9dtqt5j20az0got9o

9d369144gw1f4qj9fcmwaj20mk0xc0zu

例画：那些我们喜欢和向往达到的大师作品，最能打动自己的也许是笔触，也许是光影，也许是色彩。我们在创作自己的作品时可以将其打开放在一旁，边画边观摩，借鉴优点，尝试突破，在创作中学习会比照着原样画更容易达到融会贯通。

tumblr_m0u51qCN4H1rrf3aao1_1280

tumblr_m0u53uRgOW1rrf3aao1_1280

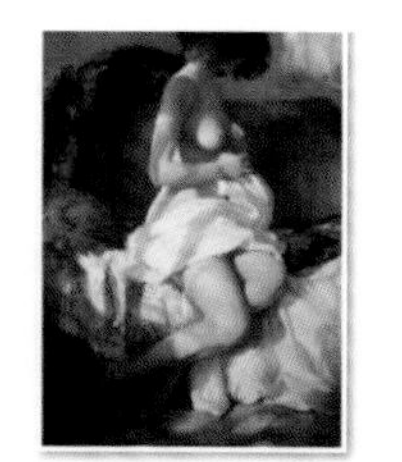
tumblr_m0u58ns9bT1rrf3aao1_1280

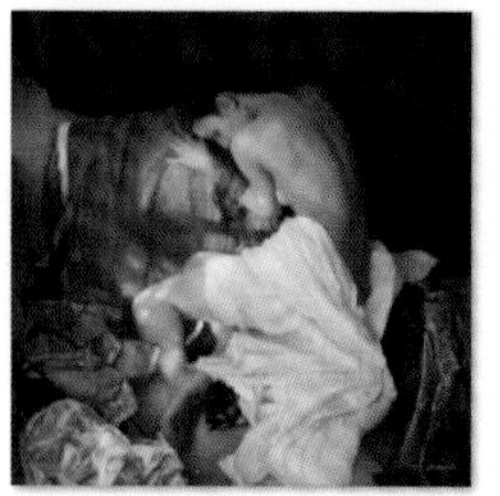
tumblr_m0u63z9uem1rrf3aao1_1280

tumblr_m0u72qKE1u1rrf3aao1_1280

tumblr_m0u74cRJqm1rrf3aao1_1280

1-25-2010b

1-27-2008

1-31-2010

2-20-2007

3-6-2008

3-7-2008

3-10-2008c

4-18-2009b

4-19-2009

4-19-2009b

4-20-2009b

4-27-2009c

6122247_orig

6539122_orig

7129910_orig

7218847_orig

7628268_orig

8644142_orig

9027171_orig

9279481_orig

9481418_orig

9565347_orig

9651402_orig

9865795_orig

灵感图：一些创意图片和一些好的摄影作品，能激发我们的创作灵感。包括一些工艺品，一些服装设计，都可以在绘画设计中作为参考和借鉴。

d9e53fcbgw1ejzf8ed16aj20kg0rp4
3q

d9e53fcbgw1ejzjs4d966j20l90e2go
v

6c

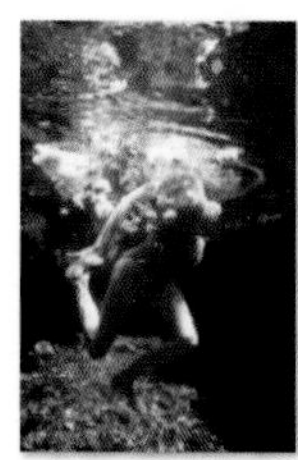
6c3e6b13gw1f24icdbjuwj20rn15oh
5t

d9e53fcbgw1ejzjs67d18j20ia11kqf
8

d9e53fcbgw1ejzjs7077tj20b70gsac
d

6c3f2eee9c0e6c1159a625f08ccd96
b40ca07240049b7a0-btWLG5_fw65
8

6fce474d858c0983191687b2f2ce0
8e9b9a358ba2d1ef-3iESrh_fw658

d9e53fcbgw1ejym7bl6wej218g0m
4wrv

d9e53fcbgw1ejym7dzbjxj218g0m2
7gx

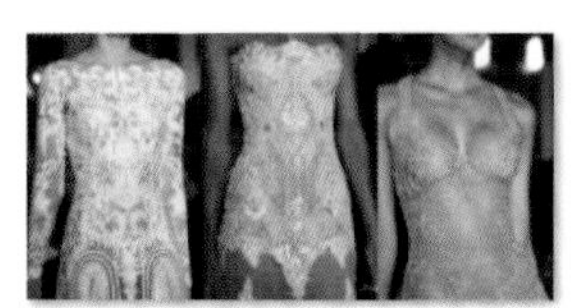
d9e53fcbgw1ejym7ge5rej218g0lu
qeg

d9e53fcbgw1ejym7ix74bj20p50hjw
m0

96dda144ad3459822ffe013c0cf431
adcbef842c

241f95cad1c8a7862013aea06709c
93d70cf5067

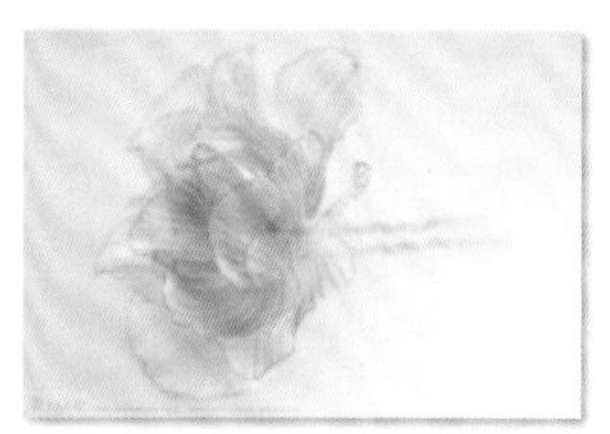
359b033b5bb5c9ea93d0e74dd539
b6003af3b379

359b033b5bb5c9ea923ce64dd539
b6003bf3b355

574e9258d109b3de49c700c6ccbf6
c81800a4c20

738b4710b912c8fc3ba71263fc039
245d78821cc

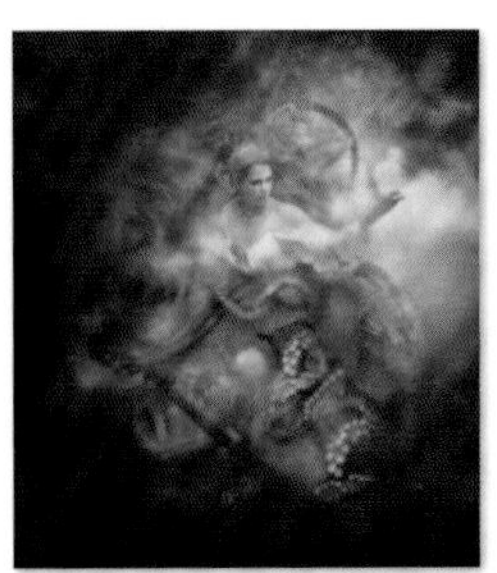
IMG_0412

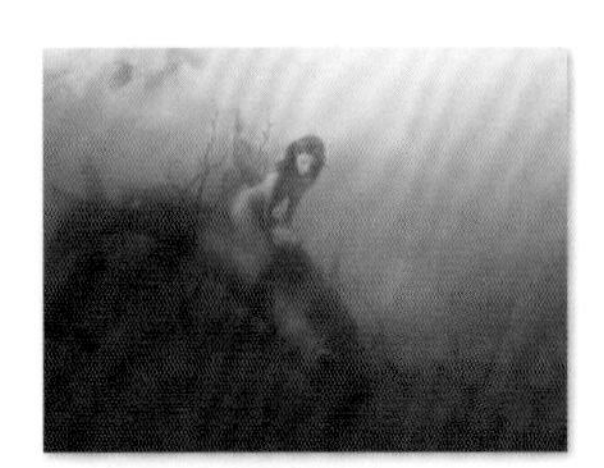
IMG_0413

IMG_0414

IMG_0416

IMG_0417

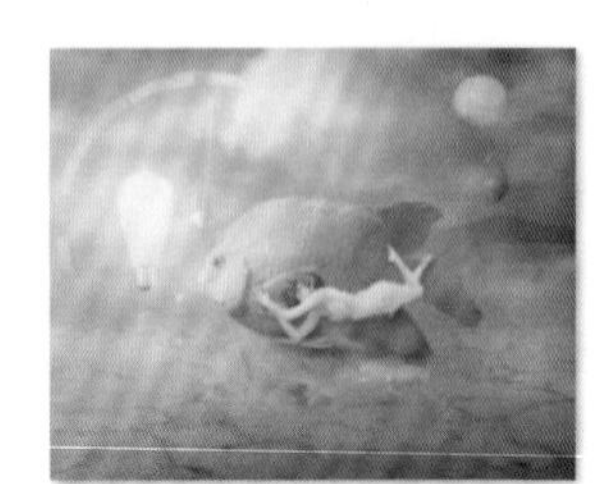
IMG_0418

02766_415

03100_323

04055_12

04085_127

04085_143

05022_185

5022_005

5022_290

05132_31

05275_512

05595_106

5595_223

5595_347

05605_139

05727_614

05809_237

05809_1005

5809_448

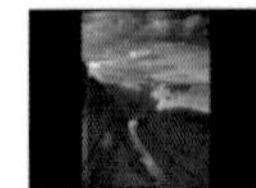
5937_040

05948_189

05948_369

06081_56

06093_3

06093_39

06107_131

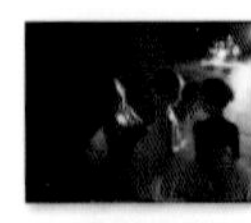
06159_30

06172_25

06242_39

06242_68

06242_90

常用素材：水、火、云、纸纹、肌理。

逐渐积累和形成适合自己绘画的素材库，到了创作时就不会陷于“无米之炊”的境地了，同时能更快速有效地寻找命题灵感，和更快速地得到画面表现。

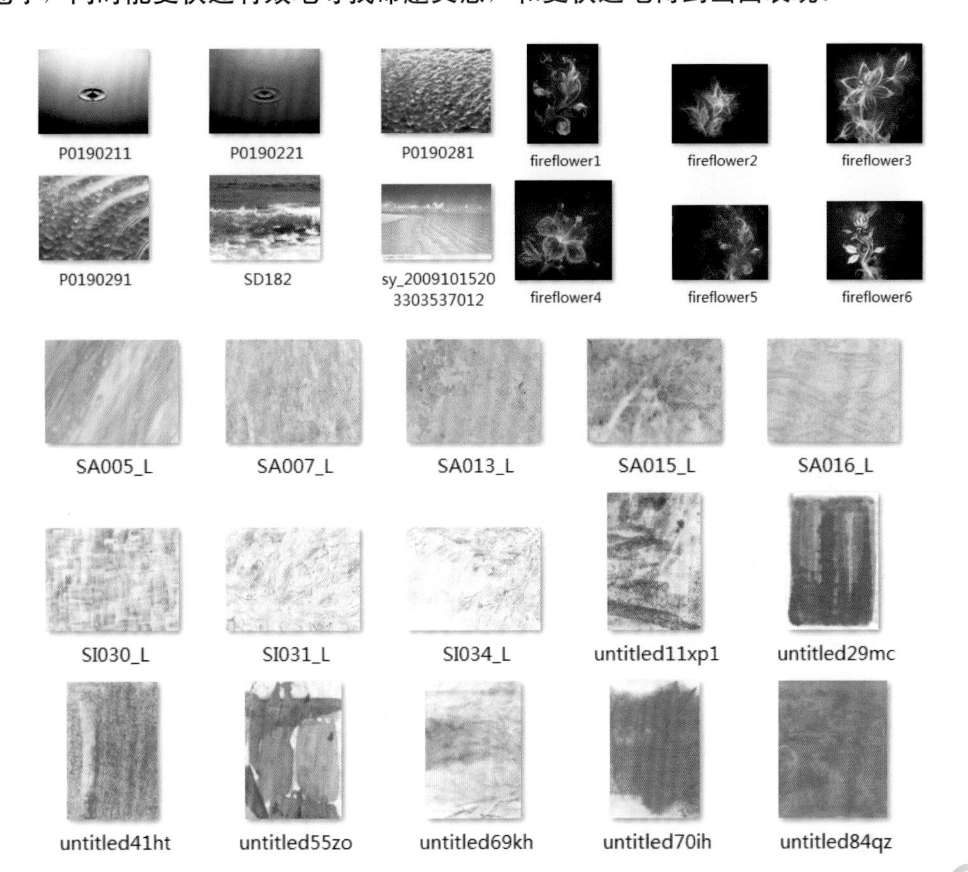

7.2　尝试各种元素和技术的重新组合

有时候我们进行创作也可以打破常规，尝试使用各种元素和技术重新组合。

机器人、中国戏曲花旦、非主流、SD 娃娃……这些好像互不相关，但在作品中就可以相互融合，产生新的视觉效果和意境。没有做不到，只有想不到，CG 给人们的想象力插上了翅膀，我们可以打破常规，尝试各种元素和技术的重新组合。

头戴凤冠身披凰，千言万语眸中藏；
人似春风桃花面，几人知我素颜妆；
轻叹蝴蝶双飞翼，谁人与我度华芳；
三千繁华皆落尽，不诉哀怨与离伤，
曾把相思青鸟寄，只愿君伴卿身旁。
（配文：我非我）

7.3 影视音乐激发灵感

这是笔者为一本情感类杂志文章《迷失空城》配的插画。

看了文章，让我脑子里立刻浮现出早些年看到的一个电影画面，那是《爱情麻辣》里的一幕，于是找来那个镜头重温，很有感觉，再于是，就有了这幅插画。

迷失感、城市的特征，都淋漓地得到体现，而人物心灵的迷失更得到了强化和描绘。

所以，看电影是种储备，积累一些视觉记忆，同时培养情感感悟。

让音乐拨动你的情弦

对于绘画作品的创作而言，必须要平时多积累，包括技术的积累、艺术的积累、生活的积累。我们生活的圈子是有限的，平时不可能体味到人间百态，但可以从电影和文学作品中感悟情感，体味多样人生。艺术是相通的，听音乐能激发我们的创作神经。随着音乐的律动，能自然而然产生一些情绪和共鸣，哀伤的，欢快的，亢进的……音乐对人心情的作用蛮大的，正如《笑傲江湖》里任莹莹的《清心菩善咒》能疗伤。而《射雕英雄传》里对黄药师的玉箫《碧海潮生曲》也有这样的描述：

“此曲实为以音律较艺，互拼内功时所用，它模拟大海浩渺，万里无波，远处潮水缓缓推进，渐近渐快，其后洪涛汹涌，白浪连山，而潮水中鱼跃鲸浮，海面上风啸鸥飞，再加上飘至，忽而海如沸，极尽变幻之能事，而潮退后水平如镜，海底却又是暗流湍急，于无声处隐伏凶险。黄药师先以玉箫吹奏此曲试探欧阳峰功力，后又以此曲考较郭靖。内功定力稍弱者，听得此曲，不免心旌摇动，为其所牵。轻者受伤，重则丧命。”（见金庸《射雕英雄传》）

所以，音能动其心。听音乐，可以拨动你的情弦。

● 案例一

同样是笔者为杂志情感故事配的插画。看了文稿，我提出了比较核心的一段文字来刻画：“思念他的时候，我会坐在窗口上喝 12 月 25 号那天出厂的啤酒，一罐又一罐，然后让自己昏昏沉沉地上床睡觉，用这样的方式抵挡住我的无望。”同时找到素材库里两张图片作为参考。在画的时候，耳边回响着王若琳的《迷宫》，“看着你，看窗外……”顺着音乐的浅唱低吟，我的画面被铺满了红色，把寂寞与思念蔓延其中……

● **案例二**

时值《This is it》首映，笔者受邀参加 MK 保利国际影城及 Michael 歌迷会联合举办的缅怀 Michael 活动，画此图时，耳边回响的是《Earth Song》（《地球之歌》），激荡着 Michael 此起彼伏的呐喊声。

每次看《Earth Song》（《地球之歌》）的 MV，都有种心潮澎湃的震撼，“Earth Song”被许多人认为是 Michael Jackson 拍摄过的最棒的音乐录影。Michael Jackson 在片中扮演一个失落的救世主形象，他为被人为破坏的环境、被无辜屠戮的野生动物和被战火摧残的世界而悲泣，该片最具震撼性和戏剧性的场面出现在末尾：各地心灵受创伤的人们与 Michael Jackson 一道，在焦土上以一种古老而奇特的仪式呼唤神力。大地之母最终响应。在狂风怒号、闪电雷鸣中，在 Michael Jackson 近乎绝望的嘶喊中，死者复活，万物重生……音乐录影以倒放镜头的拍摄制作手法，在荧幕上完成了一个现实中永远不可能实现的梦境。这部天真而煽情的短片引起了世人的共鸣，然而这个已经充满危机的世界的真正得救之道，还在于人类自身的觉醒、即刻的行动和不懈的努力。

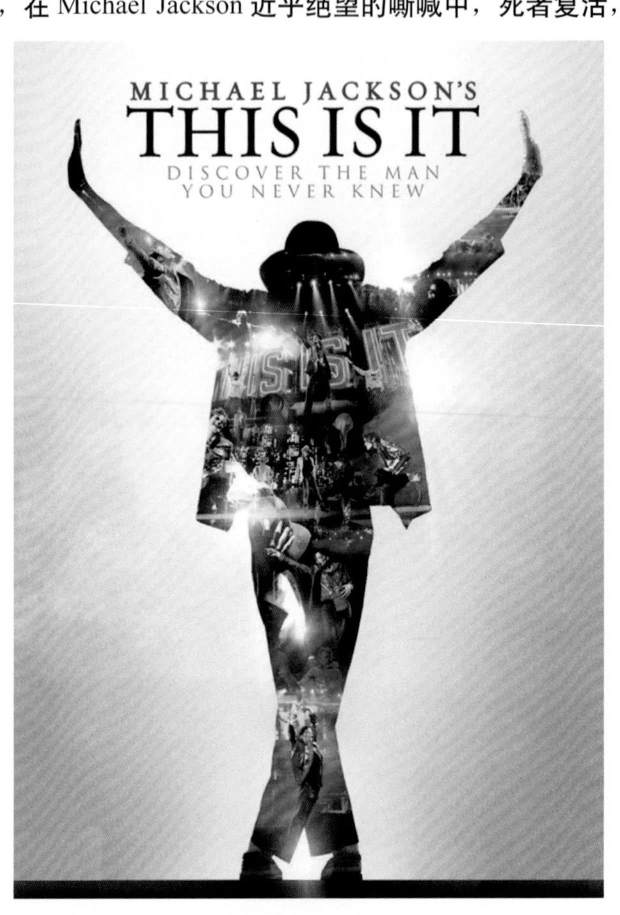

以前我是理解不了摇滚的，片面的理解为摇头呐喊就是摇滚，玩摇滚的大都是疯子。随着年龄、经历、阅历的增加，越发接受并喜欢摇滚了，更能理解那是一些真实情感的宣泄和淋漓尽致表现。有些时候只有最直白的尖叫才能表达某种极致，如同画面里干笔触急风暴雨的狂甩。

7.4 绘梦空间

由小李子主演的电影《盗梦空间》被定义为“发生在意识结构内的当代动作科幻片”，影片不但运用了心理学，还引入了埃舍尔和达利的绘画。

有时绘画就是在造梦，把梦里有的，而现实中不可能出现的，搬到画面中出来。而这些梦境里的元素往往来源于现实中你的所见所观所感。经过重新组合后，也许在现实中并不合逻辑，但它在梦里是允许的。我们把梦画出来。关于绘梦，在《盗梦空间》一片中，莱昂纳多训导小女孩如何制造梦境的片段值得参悟。

把现实中不存在的事和物用写实的手法营造出来，《阿凡达》《指环王》《哈利波特》《X 战警》《魔兽》……诸多的科幻奇幻电影无一不真实再现了一个个梦中才会有的情景，但让你觉得银幕上的这梦又是多么的真实，一点没有“演”的迹象。拍电影，是造梦，让看电影的人相信梦的真实。绘画，也是绘梦。

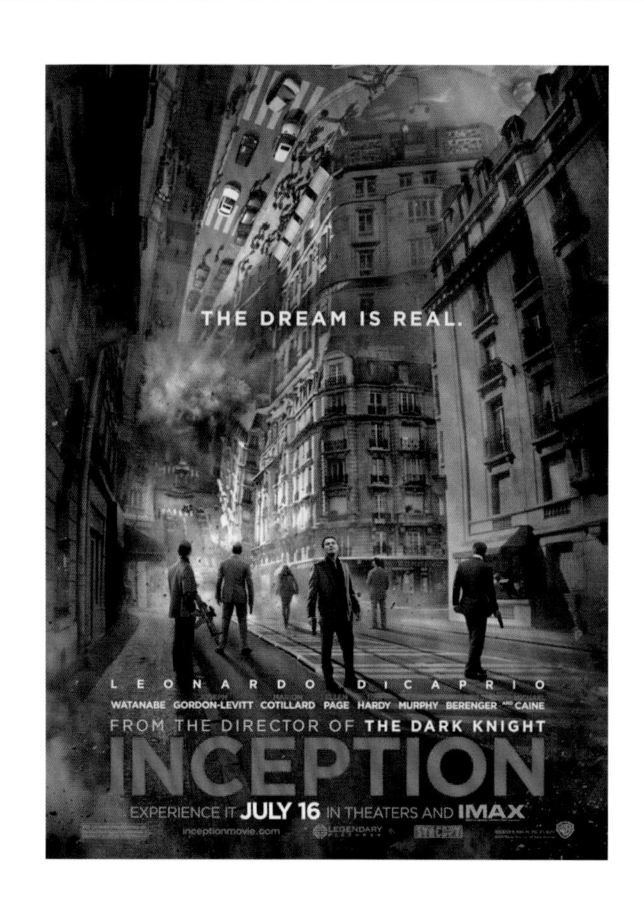

● 案例一

超现实主义绘画大师达利的作品《记忆的永恒》。

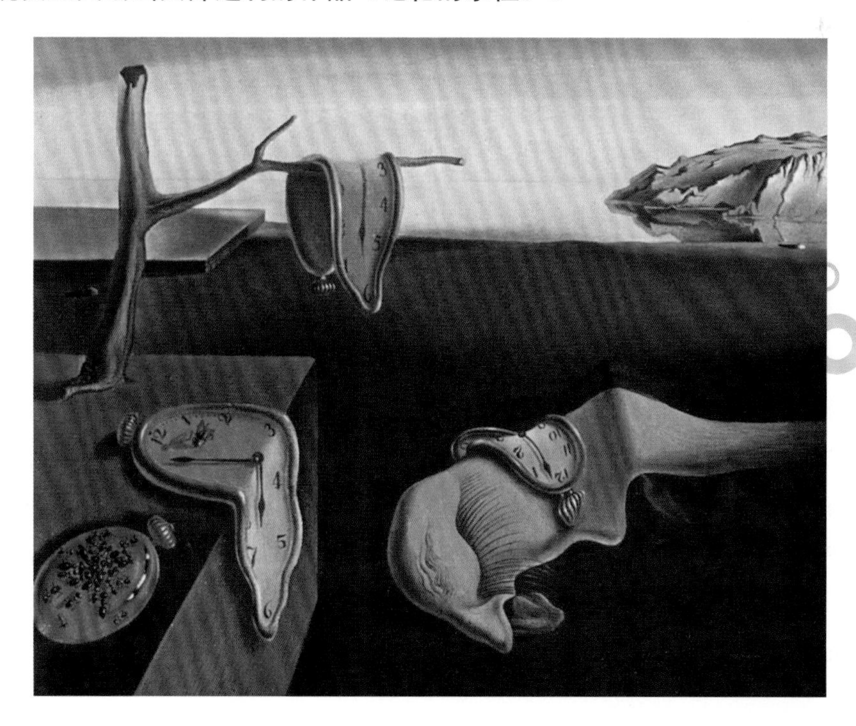

《记忆的永恒》典型地体现了达利早期的超现实主义画风。画面展现的是一片空旷的海滩，海滩上躺着一只似马非马的怪物，它的前部又像是一个只有眼睫毛、鼻子和舌头荒诞地组合在一起的人头残部；怪物的一旁有一个平台，平台上长着一棵枯死的树；而最令人惊奇的是出现在这幅画中的好几只钟表都变成了柔软的有延展性的东西，它们显得软塌塌的，或挂在树枝上，或搭在平台上，或披在怪物的背上，好像这些用金属、玻璃等坚硬物质制成的钟表在太久的时间中已经疲惫不堪了，于是都松垮下来。达利承认自己在《记忆的永恒》这幅画中表现了一种由弗洛伊德所揭示的个人梦境与幻觉，是自己不加选择，并且尽可能精密地记下自己的下意识，自己梦中的每一个意念的结果。而为了寻找这种超现实的幻觉，他曾去精神病院了解患病人的意识，认为他们的言论和行动往往是一种潜意识世界最真诚的反映。达利运用他那熟练的技巧精心刻画那些离奇的形象和细节，创造了一种引起幻觉的真实感，令观众看到一个在现实生活中根本看不到的离奇而有趣的景象。体验一下精神病人式的对现实世界秩序的解脱，这也许是超现实主义绘画的真正魅力所在。而达利的这种将幻觉的意象与魔幻的现实主义作对比的手法，更使得他的画在所有超现实主义作品中最广为人知。

● **案例二**

埃舍尔的著名版画《旋转楼梯》。

埃舍尔是位“怪才”，他的画很美丽，可是仔细研究，就会发现他的荒谬，而恰恰愈是荒谬，对我们的吸引力也就愈大。观者每每把他们认识的真实世界，与埃舍尔的虚构幻象相混比较，而产生迷惑。

90 年代后期，人们发现，埃舍尔 30 年前作品中的视觉模拟和今天的虚拟三维视像与数字方法是如此相像，而他的各种图像美学也几乎是今天电脑图像视觉的翻版，充满电子时代和中世纪智性的混合气息。因此，有人说，埃舍尔的艺术是真正超越时代、深入自我理性的现代艺术。也有人把他称为三维空间图画的鼻祖。然而，埃舍尔的作品毫不拒绝观众，所有的作品都充满幽默、神秘、机智和童话般的视觉魅力。哲学家、数学家、物理学家可以将其解释得很深奥，而每一个普通人即使是孩子也同样可以找到自己的感受。

一些自相缠绕的怪圈、一段永远走不完的楼梯，或者两个不同视角所看到的两种场景……半个世纪以前，荷兰著名版画艺术家埃舍尔所营造了“一个不可能的世界”，至今仍独树一帜，风靡世界。

7.5 灵感有时来自于不经意间

信手涂鸦，大面积的随意乱涂中，找到一些若隐若现的形来，就像小时候你躺在草地上看天上的云，它在动，有时像什么什么，有时又像什么什么。这些隐约的形激发大脑形成了一些对事物记忆的幻想，再把这种脑子里的东西画出来。

左侧为笔者的两幅小涂，没有特定的主题，信笔随心。大师 Craig Mullins 的作画方法，往往就是在笔触和色彩的叠加上产生一些若有若无的形，进而激发一些灵感，逐步形成一幅作品，前期是天马行空的头脑风暴，后期更注重技术的细化完成。我们可以经常做些这样的练习。

“涂鸦般地涂抹画面并试图发现某些东西开始显现。这一阶段你必须大胆些，不必担心可能是要花些功夫。开始画时，你可以把图的尺寸定得小一些，甚至只有几百像素。一旦你的构图确立，你可以再把尺寸放大到适合你的电脑硬件配置。因为目前还没有画什么细节，所以放大不会太影响图的质量。我通常是放大到3000到5000像素。”(Craig Mullins讲座语录)

有时候我们创作一幅作品的周期很长，起初并没有明确的表现思想，随着时间的流逝，在不同的时间段，我们会产生不同的想法和灵感，于是在一次次的修改和完善中，一幅在最初没有预想到的作品就诞生了。据说王家卫拍电影没有剧本，总是边拍边有想法的。

● **案例一**

下面以作品《飞鸟与鱼》为例回顾一下笔者创作思想的形成过程。

01 最早的创作灵感来自一位朋友的个人写真照片，起初没有特别明确的想法，仅仅只是人像练习，画着画着，利用“涂抹工具”让头发飞了起来，于是思路也就打开了。

02 笔者决定绘画成仙，落地的天外飞仙，于是有了翅膀，在水边休憩，水面如镜，对镜自赏。

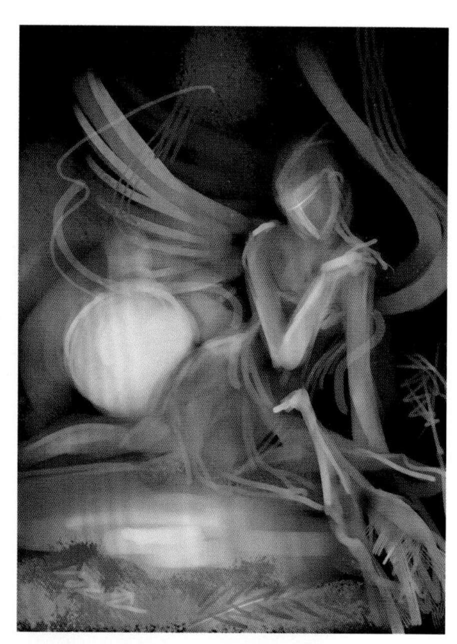

03 因为先前笔者的一些奇幻作品多为美女与“野兽”的组合，于是打算同样配上一种动物以使得画面不过于沉闷。孔雀是人间的凤凰，仙鸟化身，于是决定加入一只孔雀与美人相伴。

风抚青丝
月寂星稀夜深幽
轻解罗衫
纤体久恒谁解愁。
（配文：青春散场）

04 作品算是告一段落了吧，在一段时间之后笔者再次体会本作品时，感觉奇幻的味道还是不够，而且画面中的美人姿态让我想到了人鱼，于是笔者又有了人鱼的突发灵感。她本应是水里的鱼，但渴望能上天，于是终有一天，生出了双翅。就这样，美人的双腿化为鱼尾。

05 而画面的宁静也被美人鱼的心绪掀起风浪，于是找来一些海浪的照片做参考，把原来的小池边改为了海面。

06 原先画面中的人物画得有些缺少现代感，偶然在网上看到一张红发美女的照片，很有感觉，于是一种向往与憧憬的神态出现在新的画面中。

绿水青澜碧波寒，
空览星夜点斑斓。
我欲振翅高飞跃，
一去青天不复还。
（配文：hony）

07 又过了一段时间之后，笔者又有了新的想法，感觉应该存在一个故事，想把画面进行扩展，试图尝试表现一个情节中的一幕场景，而非已往作品的单一美人。有天使，就要出现恶魔，让邪恶更加烘托纯美。

延伸中，美女的神态再次被我重新刻画，一改向往与憧憬，逐渐浮现出些许紧张与不安。恶魔不一定要血不呲啦的，我还是想画得帅些。即便是魔，也应该是个帅哥。我没有画得张牙舞爪，越是那种沉默着不说话的，就越孕育着一种不可估量的巨大力量，随时可能会爆发。

08 笔者想制造出一种剑拔弩张的紧张对峙的气氛，于是加入了火光，加入了怪兽，天裂开了，从天而降的火球打到水面……于是又开始了新一轮的刻画。

09 感觉魔鬼帅哥还不够帅，或许他应该不是魔，而是神，海神，他们之间的关系似乎应该用对峙或禁锢来描述。找来一些典型欧美帅哥照片做参考。

10 后来网友在我的 QQ 空间留言，为这幅作品配了文。用文字把我写不出道不明的故事隐约表述了出来。

当美丽被禁锢深海，你一晌畅欢，却让我恨进骨髓。

我抬头看穿透水面的阳光，却失去了所有的温暖。

我想振翅飞出这囚牢，但终只是幻想。

你不必说对不起，我原谅，只是求你，给我自由的天空。

我要去寻找我的王子，这轮回无人能扭转，所以请你放开手，让我在自己选择的爱恋里，灰飞烟灭。

（配文：娱乐不是猫）

11 之后的很长一段时间，笔者都没有再去管这幅作品，但一直感觉还是有些东西没能表达出来，是什么又搞不清，有些恍惚，离我期待的感觉还有一些距离，一时无法迈进……

12 终有一天，笔者再次对人鱼进行了面部整形，通过神情，深入刻画其内心。眼神中不是惊恐，而是哀伤和眷恋。而魔此时已非魔，画面中早已没有了剑拔弩张的紧张。笔者对画面色调进行了调整，褪去硝烟弥漫的焦灼，让画面多了些明快。他们之前应该有“情”。但我又解释不清，他们有什么样的情，背后究竟有什么样一个惊天动地的故事。

网友“我非我”留言，为画配文，把画最终升华。看了她配的故事，真的我被打动了，伤感了很多天很多天……后来找到齐豫的一首《飞鸟与鱼》，此时读文观画听歌，别有一番伤怀。

人鱼和飞鸟

A

我是小莲，是一只生活在无边无际大海里的人鱼公主，
我以为我会这样一直快乐下去，
直到有一天，我跃出水面快乐地呼吸，
你突然飞过我头顶的天空，
不小心划破了我思念的魔盒。
……
我身边的人告诉我，
鱼和飞鸟是不能相恋的，
因为我在水里，你在天边，
你看不见我的心碎，
我只能独自回味，
谁会在乎我的笑容眼泪？

B

我是凌云，翱翔于无边天际的飞鸟，
我勇敢、坚强，无畏……
直到有一天，我飞过海面，
你突然跃进我的视线，
然后我突然知道了什么叫作倾情。
……
我身边的人告诉我，
飞鸟和鱼是不能相恋的，
因为我在天边，你在水里，
你体会不到我的心醉，
我只能独自品味，
谁会在乎我的快乐伤悲？

C

我和魔鬼做了交易，因为我敌不过思念中的你，
魔鬼问我愿不愿意给她（他）最想要的东西，
只要是为了你，我任何都愿意……
我折下了美丽而高贵的翅膀……
我失去了灵活而优雅的鳍……

我去见了你，你说你要去很远的地方，

可是你看不见我眼中的忧伤，
月圆的那个晚上，我收到了从远方寄来的礼物，
是一个魔法的盒子，上面写着万劫不复，落款却是你……
我还是打开了它，我看到了光芒四溢……

我终于飞上了天空，可是我却看见你正沉入海底……
我终于深入了海里，可是我却看见你正飞向天空……
你可曾知道，我渴望着飞翔，那是为了对你的追随……
你可曾知道，我盼望着游弋，那是为了对你的陪伴……
但是，一切没有了退路……
只有这一刻，我们终于懂得了彼此的心意……
（配文：我非我）

13 本以为此图就此完结，时隔多年，在本书升级版完稿之际又重新审视，感觉随着绘画技法的提升，有必要对画面的色彩、构图等进行一番新的修改……预知最终完稿如何，请关注笔者微博（@依恒 CG）。^_^

在创作中，有时往往需要我们把作品放置一段时间，回过头来再去审视，会打破一种惯性思维。

换一种角度，换一个时间，换一种心情，再看你的作品，往往会有新的想法。

一幅自由创作作品，从起稿到一改再改，没有谁对你要求做到怎样，而只有自己执着地追求一种属于自己的完美，才能成就一幅好的作品。

一幅画是这样，整个习画过程如此，整个人生亦如此。

“我刚开始绘画的时候，有些画看上去惨不忍睹。然后我就把这些画保存在名为“未完成”的大文件夹中。这个文件夹中存放着很多我不满意的图片，有些可能最终会被删掉，而一旦我想出更好的解决办法，我会把其中一些作品拿出来重新修改 。有时我会这样重复好几次——存放起来，几天之后再进行修改，然后突然有一天就能做出满意的效果。不知道为什么，也没有什么明显的顿悟。就是把图片搁置一边，放一段时间，然后在潜意识中去思考。这个方法很有用。仅仅就是忘了一段时间，然后再次做出的效果或许令人满意，也或许做不出任何理想效果。”（Craig Mullins 讲座语录）

● 案例二

有时候我们的个人创作是随性的，最初的和最终的相差很远，甚至毫无关联。随着画面的推进，我们大脑里的记忆库存被逐一调取，一幕幕穿越就这样发生了……

01 这幅画最初的起稿，是一对现代情侣相拥，突然脑中电光一闪，穿越了，男士置身于中世纪。

02 想起了《美女与野兽》，此刻魔幻色彩涌入了我的脑海，像神话一般，男主的盔甲、五官逐一开始魔化……男的变成魔王，一只魔手揽着女人，女人抑视着心中的英雄。

03 尝试色彩和画面情绪的渲染，哀伤的眼神，飘零的落叶……思绪随着画面又穿越到了乌江岸边，凄凉的战后战场，血光火光染红了天，玫瑰凋零如同滴血。

04 这幅画又放了许久，也许是心情发生了变化，再次打开感觉画面颓废幽怨的气氛太重，太过压抑，即便穷途末路，也应让一种美好的精神化为永生。于是去掉了画面中过多的重黑色，增加了前景，忠贞的爱情在烈火中永生。

良辰美景奈何天，英雄末路美人怨。
碧血化为江边草，花开更比杜鹃红。

第8章 如何成为插画师

在埋头画画一段时间后，也许你有些躁动，很想到江湖上走走，挣点碎银子是次要的，自己的作品被商家出版出来让更多人看到，多少是对自己水平的肯定吧！但是要怎样步入职业插画师的行列呢？

8.1 什么是插画师

插画师是个比较笼统的说法：其中有针对媒体出版行业的插图作者、儿童插画作者，还有针对广告行业的写实插画家；再就是卡通吉祥物设计师；游戏和影视插画设计师更是需求量巨大，和游戏行业类似，每一部影视作品也会有大量的分镜绘制、场景设计工作，这些无疑造就了游戏影视行业对插画师的大量需求。

8.1.1 自由插画师

有一台电脑和一根网线，基本上你就可以做个人工作室，做个自由插画师了。

自由职业是指摆脱了企业与公司的制辖，自己管理自己，以个体劳动为主的一种职业，自由职业者有利有弊。

不用看老板脸色，你就是自己的老板，不但要学会管理自己工作、生活的时间分配，还要负责接稿和要账等琐碎事务。

不用朝九晚五，不用打卡签到，不用刮风下雨奔波在上下班的路上。但其实没有了上下班的概念，你往往会废寝忘食。

避免了同事纠纷，不必严谨仪表。做了自由职业者，也就摆脱了办公着装的束缚，你想怎么穿就怎么穿，不穿也没人管你。但宅久了，也许你就渐渐远离了尘世，逐渐淡漠了人际关系。

自由职业者是一个相对自由的工作空间，但要摸准流行的风格，否则会投稿无门，生计都要成为问题。而且有时也要做出妥协迎合客户的意见，拖欠稿费的事也是屡见不鲜。

8.1.2　怎样成为插画师

首先，还是要有强硬的技法基础，也就是说“画得好”，这个“好”不是孤芳自赏，而是你的作品足以达到可以发表的水准，得到大多数人的认可。在周围人眼里，你画得很好，但真正入了江湖，那可是个个身怀绝技，天外有天。而且在这个领域很容易被超越，所以在被别人超越自己之前，就得先自己超越自己，而这种超越是永无止境的。一定要多看同行优秀的作品，从中揣摩和学习优秀的元素。

插画师的作品要相对成熟，具有一定的风格。你要关注并了解插画市场需求，掌握至少一种以上的流行风格。还要有一定数量的较为成熟的作品，通过一定数量的作品才能看出你较为真实的水平，只有一系列的作品才能体现出你的绘画风格，让别人了解你的绘画特点，考虑你是否适合他们的需求。

网络是个很好的自我宣传平台，你可以将自己的作品发在一些网站论坛或群里，如果你的东西足够有特点，自然会被转发传阅，并引起杂志编辑或游戏公司猎头的注意，从而与你联系。记得在作品上留下你的联系方式，如QQ号、E-mail、MSN，但不要把个人信息搞得喧宾夺主，有些同学防盗意识过重，满幅画都是水印，干扰到画面，不能完整体现效果，还引起观者的不悦。

如果你还不够强大到能“招蜂引蝶”，也可以主动出击。留意一些杂志的征稿信息，直接与编辑联系，按需投稿。切记先要搞清对方的需求，别“饥不择食”地盲目投稿。我做过约稿编辑，比较反感一些上来就说要投稿，接着就问“你们是什么杂志啊？”你连人家是什么杂志都搞不清，更谈不上了解人家杂志的形式和内容需要了。多看看你要投稿杂志以前的封面或内文插画，是最直观的。如果是新办杂志，编辑发征稿时会提出风格要求，并发参照例图的。

也可留意一些群或网站发布的游戏公司招聘信息，投递简历，最关键的不是学历，而是作品，一定量高水平的作品是最有力的敲门砖。再者也可以有目标地选择自己热衷的游戏画同人，当你画到足以被认为比官方还官方的水平时，真会被官方传唤的，的确不乏画《魔兽》和《DOTA》画到很牛被收编召为官方的高手。

8.2 商业插画

商业插画顾名思义就是有商业价值的插画，它不属于纯艺术范畴。商业插画可定义为企业或产品绘制的数码作品，获得与之相关的报酬的商业买卖行为。

在现代设计领域中，商业插画可以说是最具有表现意味的，它与绘画艺术有着亲近的血缘关系。商业插画的许多表现技法都是借鉴了绘画艺术的表现技法。商业插画与数字技术的联姻，使得前者无论是在探求表现技法的多样性，或是在设计主题表现的深度和广度方面，都有了长足的进展，展示出更加独特的艺术魅力，从而更具有表现力。

商业插画是个很有前景的行业，它被广泛地运用于广告、商品包装、报纸、书籍装帧、环艺空间、电脑网络等领域，现在各媒体对插画的需求是很大的。今天通行于国内外市场的商业插画包括出版物配图、卡通吉祥物、影视海报、游戏人物设定及游戏内置的美术场景设计、广告、漫画、绘本、贺卡、挂历、装饰画、包装等多种形式，并延伸到现在的网络及手机平台上的虚拟物品及相关视觉应用等……

但是，商业插画的使用寿命是短暂的，一个商品或企业在进行更新换代时，此幅作品即宣告消亡或终止宣传。从科学定义上来看，似乎商业插画的结局有点悲壮，但另一方面，商业插画在短暂的时间里迸发的光辉是艺术绘画所不能比拟的。因为商业插画是借助广告渠道进行传播，覆盖面很广，社会关注率比艺术绘画高出许多倍。比如一幅产品包装的数码插画，在两年的市场售卖中，因为画面精美，吸引消费者购买的数量超过亿计，设想一下，在下一个产品替代它之前的时间里，这个数量还会增加。有多少艺术绘画作品能在两年时间里被上亿人看到呢？这样的辉煌价值是无与伦比的！

8.2.1　图书期刊

图书期刊可以说是在网络时代来临之前对插画需求最早最大的市场了，至今也仍然热度不减。青春文学、网络转线下畅销书、儿童绘本、学生教辅，都对插画一直有着很大的需求。

封面的插画价格要比内文插画高些，但要求也比较高些，因杂志不同，而从几百到一两千元，乃至更高稿酬不等，千元以下的相对多些吧。稿酬高低有时也跟画手的水平名气相关，有些特约稿是可以谈价的。封面是一本杂志的脸面，人们常说“货卖一张皮”，封面的好坏被很多主编认定是杂志销量好坏的根本原因，对与不对咱们且不追究，对于持此观点的杂志，对封面的要求是相当挑剔的。对于连主编本人也搞不清自身定位的一些新办杂志，是不可能让画手顺利拿出一个他们想要的“最最完美”“最最与众不同”的封面的。能否遇到不错的编辑和英明的主编，是除了你画功水平外的另一个关键。我本身是编辑，约过画，同时也是插画作者，被约过画，切身地换位体验过其中的感觉。

下面是笔者所绘画的杂志封面。

一般画手哪怕是名家，都不会有像歌星影星那样的经济人，所以接稿、沟通、收费等，都要自己来搞定。目前国内图书期刊市场比较复杂，良莠不齐，编辑素质也参差不齐。不懂不会而在其位的编辑不在少数，小报小刊拖欠稿费的事件地司空见习惯。所以，做好被折磨的心理准备是必需的。再好的作品也有被改得面目全非的可能，再棒的创意也会被抛弃。而这些，也许不是“你不行”。当然，还是有很多正牌刊社和专业的优秀编辑的，要学会多沟通，有些编辑提出的意见对自己进步是很有帮助的。我合作过的一些编辑，的确有很多具备优秀的编辑素养和较高的职业水平，他们对于我的不断进步有很大帮助，在他们身上我也学到了很多优点，在交流中，很多彼此成为了朋友。

再者，艺术与商业的矛盾与统一是永久未被道明的问题。如果艺术与商业能有机地统一，那再好不过，但作为商业插画，首要以商业卖点为前提，大多数时候，你的艺术执着必须向商业低头，当然这不是绝对的。如果遇到你的个人艺术追求与商业相抵触时，我建议理性处理和对待，莫走极端。在尽量沟通折中的前提下，按照市场规则出牌，毕竟生存问题是首先要解决的，在饿不死的前提下，挤时间坚持画自己的东西，完成自己的艺术梦想，或仅仅作为一种喜好的宣泄，也是大有裨益的。我们是艺术的崇拜者，绝不能在追寻艺术的途中沦为金钱的奴隶，在任何道路上，不要迷失自我，如果只为挣钱而挣钱，只为挣钱而画画，就失去了生活的本义，也失去了人生的价值。

对于内文插画，一些主观性的干扰会相对少些，虽没封面稿酬高，但需求量大，同时修改率低，对于一些无关轻重的小图，也不用改来改去的。但对于作者的画功及文学感悟同样具有考验。由于是插在内页的，精致度要求一般不会太高，其销售宣传功能较弱，稿费不会超过封面。根据黑白还是彩色、幅面大小、风格难易程度等，稿酬几十到几百不等。首先风格要对路，再就是对文章要点的把握。有时编辑会根据文稿需要特定要求你画一个场景，有时则直接给你文章摘要或全文，让你自己读文后根据文章来创作。所以，要有一定的文字理解力或文学修养，起码我们小学语文课学的抓“中心句”，总结“中心思想”，能学有所用了。除了思想性，还要考虑文章中所体现的一些客观要点，也就是一些故事文章的三要素，时间、地点、人物。事件发生的季节，人物的年龄、性别、发型、穿着，人物的情绪表情等。

8.2.2 游戏原画

游戏原画可以说是近年来最火爆的插画人才需求阵营，随着光纤和智能手机 4G 网络的不断升级，游戏产业发展迅猛，游戏绘画人才供不应求。院校教育一时跟不上这么快的发展步伐，国内一些先行大神和机构开办的游戏人才培训应运而生，有实体班、网络授课等形式。这些培训往往不需要学历，而授课者都是具有一线实战经验的高手大神，有些是教学目的的开班，有些则是个人风格的传授，然后招学生入自己的工作室直接扩展业务。

在 20 世纪 90 年代，“学好数理化走遍天下都不怕”，上大学学画画被很多家长认为出来很难找工作，而现在艺术美术类招生也随着时代的不同而火爆起来。游戏的大投入和高收益，使得游戏公司愿意出高薪挖掘国内稀有的绘画人才，而早年为图书杂志画插画的画手有了一定的绘画经验，也纷纷转入游戏原画的行业队伍。

游戏原画的分工很多，有人物、道具、场景等。有人说游戏公司是年轻人待的地方，一来游戏好像就是年轻人玩的东西，二来也表明了一些残酷的事实：这个行业更新快，不进则退；这个行业要拼命，加班熬夜不是老年人能挺得住的。也有一些游戏公司为减少运营会发些外包项目，也就是说你也可以像自由插画师一样坐在家中参与一些游戏项目的绘制工作。

下面是《永恒之塔》游戏中的兵器设计。

下面是《暗黑机械》怪物的概念设定。

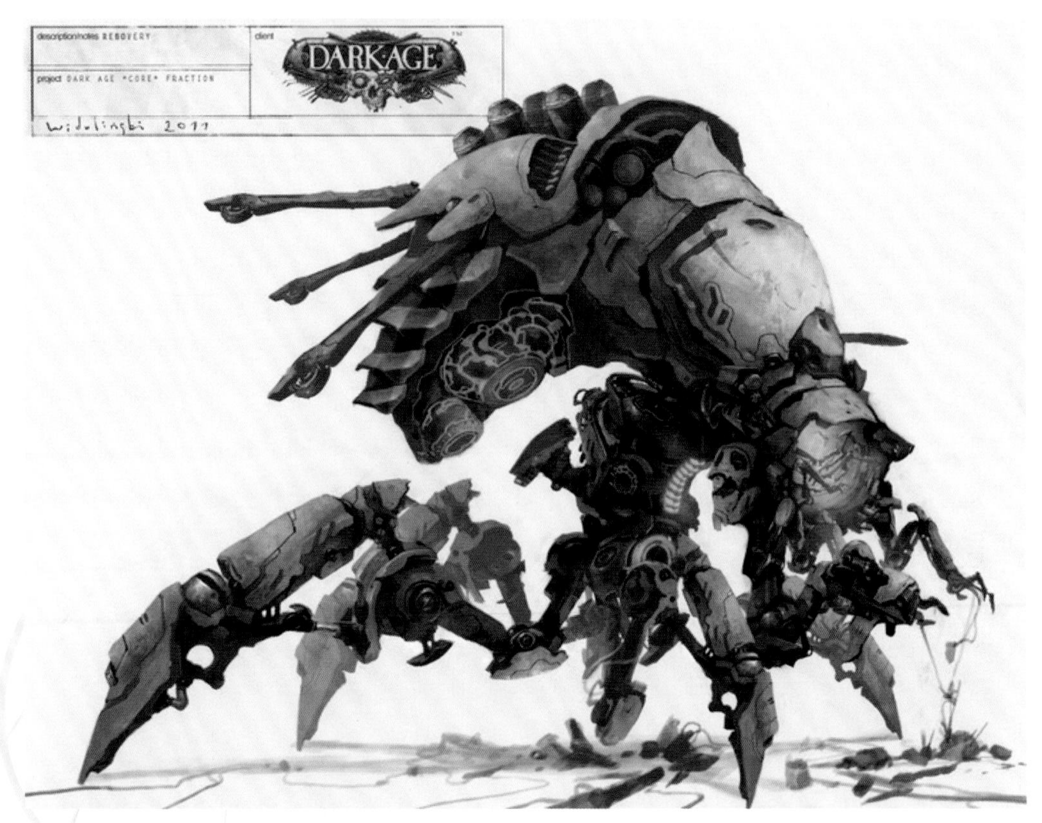

下面是《天堂 TT2》的原画设定。

下面是《Big Foot》场景原画。

下面是笔者所绘画的游戏卡牌。

8. 2. 3　影视概念

近些年国内电影市场兴起，片方开始学习好莱坞的模式，逐渐引入影视概念设计，这也为插画师们提供了新的转型职业。为减少真实搭景投入不必要的成本和更精准的表现，在开拍前期按照导演和制片方的构想，用原画表述出来需要的情景，包括人物造型、服装、站位、打光、气氛渲染等，这样便于调整修改，同时也更直观用于指导后面的实际拍摄，甚至一些以假乱真的写实场景直接用在片中。

下面是《奇幻森林》的概念图。

下面是《加勒比海盗》的概念图。

下面是笔者所绘画的电影分镜。

8.3 印刷常识

CG 绘画的特点是直接为数码产品，可以应用于电脑显示屏、手机、电影电视等输出终端。电脑技术普及应用到出版印刷行业已不是新鲜事，CG 插画对于现代出版而言是方便快捷的，直接通过 QQ 或 E-mail 就能把高清图传给出版方，继而可以无数次地复制拷贝和再设计而无损耗。从数码到数码是很直接的，但从电脑还原到传统纸张上，还是有一些基本印刷常识需要了解的。

8.3.1 图片分辨率

我们知道，高分辨率的图像比相同大小的低分辨率图像包含的像素多，图像信息也较多，表现细节更清楚，这也就是考虑输出因素确定图像分辨率的一个原因。由于图像的用途不一，因此应根据图像用途来确定分辨率。如一幅图像若用于屏幕上显示，则分辨率为 72dpi 或 96dpi 即可；若要进行印刷，则需要 300dpi 的高分辨率。图像分辨率设定应恰当：若分辨率太高的话，运行速度慢，占用的磁盘空间大，不符合高效原则；若分辨率太低的话，影响图像细节的表达，不符合高质量原则。

对于印刷，一般我们图片的分辨率设定为 300dpi，在此精度下纸张大小一般为 A4（210*297mm），大小足以对应杂志印刷需求，如图所示。

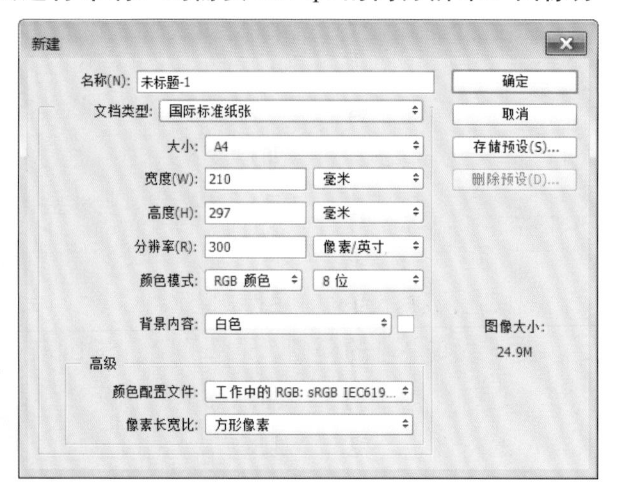

切记，对于分辨率较低或尺寸较小的一幅图片，像素数量是已固定的，强行地改大分辨率或尺寸，都只能使画面变得模糊。如图所示，放大后我们可以清晰地看到图片以像素点排列显示，把这些有限的像素分散到更大的面积中去，自然画面质量受损。

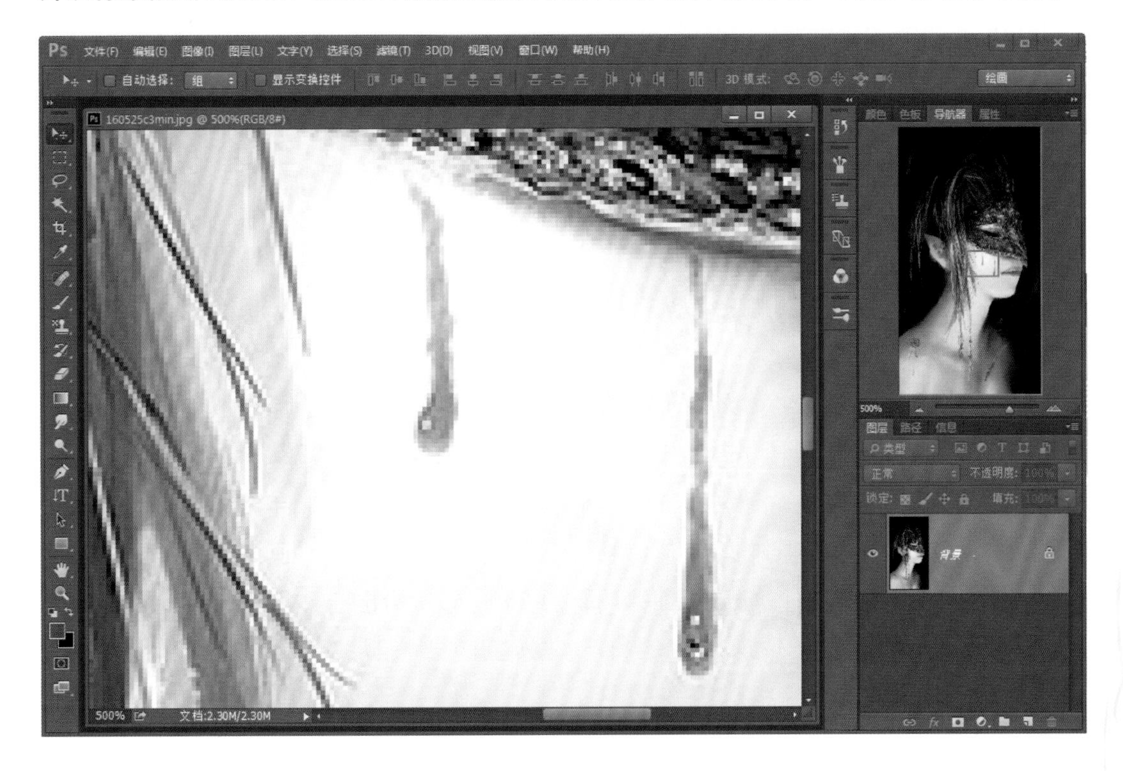

8.3.2　色彩模式

在 Photoshop 中图像的色彩模式有 RGB 模式、CMYK 模式、灰度模式，以及其他色彩模式。采用什么模式要看图像的最终用途。如果设计的图像要在纸上打印或印刷，最好采用 CMYK 色彩模式，这样在屏幕上所看见的颜色和输出打印的颜色或印刷的颜色比较接近。如果图片是用于电子媒体显示（如网页、电脑投影、录像等），图像的色彩模式最好用 RGB 模式，因为 RGB 模式的颜色更鲜艳、更丰富，画面也更好看些。并且图像的通道只有 3 个，数据量小些，所占磁盘空间也较少。如果图像是灰色的，则用灰度模式较好，因为即使是用 RGB 或 CMYK 色彩模式表达图像，看起来仍然是中性灰颜色，但其磁盘空间却大得多。另外灰色图像如果要印刷的话，如用 CMYK 模式表示，出菲林及印刷时有 4 个版，费用大不说，还可能会引起印刷时灰平衡控制不好时的偏色问题，当有一色印刷墨量过大时，会使灰色图像产生色偏。

对于纸媒杂志的插画，最终是要印刷出来的，而印刷油墨的色彩显示多少会跟电脑屏幕显色会有不同。一幅电脑屏上色彩炫丽的图画，印刷出来却暗淡无光，是很让人灰心的一件事。电脑模拟印刷的色彩模式为 CMYK，即红黄蓝黑四色，印刷时就是这四种油墨的叠印，组成了五颜六色的画面。这样组合出来的色彩自然没有电脑显示出来的色彩丰富，会有一些超色值的颜色是印刷不出来的。电脑图片的显色一般为 RGB 模式，在印刷时必须转为 CMYK 模式。一些鲜亮的图画，被转换模式后，会一下子暗淡了很多，没有了原来的光彩。

按常理对于印刷用图，我们在新建文件时就应直接建立 CMYK 模式图片文件。但是，CMYK 模式下会出现 Photoshop 的个别滤镜和调节功能失效，所以我们通常以 RGB 模式新建画面作图，创作结束后记得在 Photoshop 里执行“图像 / 模式 /CMYK 颜色”命令转换为 CMYK 模式，并进行相应的颜色校正，让色彩尽可能保持转换前的样子。在 RGB 模式下，按快捷键 Ctrl+Y 可切换到模拟 CMYK 色彩模式显色。

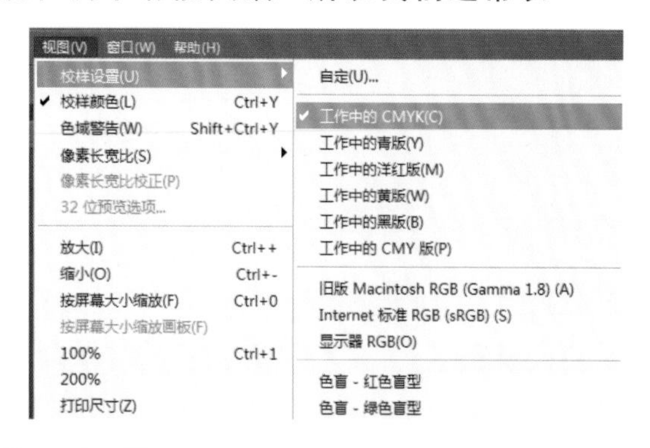

8.3.3　存盘格式

图像文件格式决定了应该在文件中存放何种类型信息、文件如何与各种应用软件兼容、文件如何与其他文件交换数据。同一幅作品的含图层 PSD 文件往往达到几百 MB，而合并图层后的 TIF 文件只有几十 MB，而压缩存为 JPG 后，仅有几 MB 甚至不到 1MB。文件不是越大越好，也不是越小越好，要根据需要选择不同的存储格式。

大家通常用到的几种文件存储格式包括：JPG、PSD、TIF。

JPG：最为常见的图片压缩格式，有时需要对图片进行压缩存储，避免占用过大磁盘空间，有效缩小文件，减短网传时间。压缩必然带来色彩质量损耗，在质量和大小间要掌握好取舍。存储时会出现提示界面，如图所示，品质越高，文件越大。不要把文件过度压缩，令色彩损失严重，会产生色彩浑浊和马赛克。

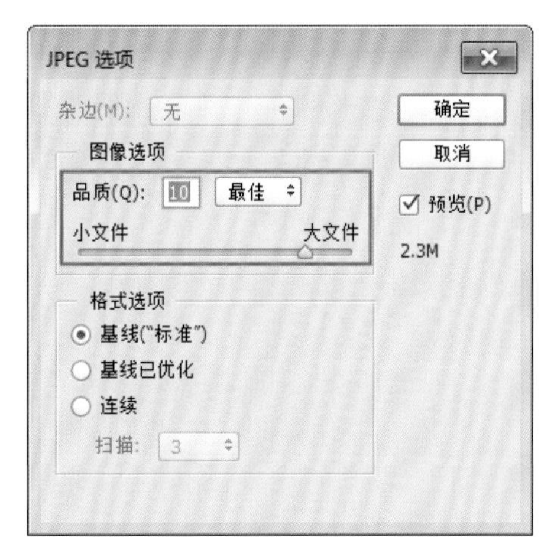

PSD：用以保存图像的通道及图层等，以备以后再做修改，文件较大。可在 SAI 和 Photoshop 中互通打开，但个别图层模式及效果相互间不支持。

TIF：无损图片格式，适于印刷，文件较大。打包为 RAR 或 ZIP 后，会有明显缩减。它的最大优点是图像不受操作平台的限制，无论 PC 机还是 MAC 机，都可以通用。